计算机安全与网络教学

许 爽 晁 妍 刘 霞 编著

中国纺织出版社

图书在版编目（CIP）数据

计算机安全与网络教学 / 许爽，晁妍，刘霞著. --
北京 : 中国纺织出版社，2019.4（2023.6重印）
ISBN 978-7-5180-4441-2

Ⅰ. ①计… Ⅱ. ①许… ②晁… ③刘… Ⅲ. ①计算机
网络－网络安全－教学研究 Ⅳ. ①TP393.08

中国版本图书馆CIP数据核字(2017)第313616号

责任编辑：姚　君　　**责任印制**：储志伟

中国纺织出版社出版发行
地　　址：北京市朝阳区百子湾东里A407号楼　　**邮政编码**：100124
销售电话：010-67004422　　**传真**：010-87155801
http://www.c-textilep.com
E-mail：faxing@c-textilep.com
中国纺织出版社天猫旗舰店
官方微博http://weibo.com/2119887771
永清县晔盛亚胶印有限公司印刷　各地新华书店经销
2019年4月第1版　2023年6月第11次印刷
开　　本：787×1092　1/16　**印张**：11.5
字　　数：270千字　**定价**：78.00元

随着信息技术的迅速发展，计算机与人类的生活密不可分，人们对计算机的依赖程度越来越高，可是计算机并不安全，它存在着多种安全缺陷和漏洞，人们对网络安全的关注越来越迫切。科学技术，特别是计算机网络技术、多媒体技术的迅猛发展，以及社会教育的巨大需求，牵引和推动了教育技术的快速发展。网络教学，是第四次教育革命发展的新阶段，是教育技术发展史上的最新成就，是日趋网络化、数字化、智能化的多媒体计算机技术在教育、教学领域的具体应用。它的广泛普及和深入发展，对提高教育、教学的质量、效率和效益，实现教育、教学的全球化、自主化和终身化，具有不可估量的意义。

计算机安全和网络教学都是新事物，它们的产生与发展，无论是在观念上、内容上，还是在程序上、方法上，同传统安全观及教育观相比都有许多新突破、新发展，表现出许多新特点、新要求。本书着眼于信息时代计算机安全和网络教学这两大方面，对计算机安全常识、攻防技术以及网络教学的基础和设计等方面内容进行了详细介绍，围绕计算机的实体安全和网络安全进行了深入分析，针对计算机病毒防治和恶意软件防范两大方面进行讲解，对网络攻击和安全防范技术手段运用进行了系统论述。同时，结合网络教学的新环境、新特点，在普及常识的基础上，对网络教学设计和网络教学环境两个方面进行了全面介绍。这种基于信息条件下的安全观与教育观相结合的研究和论述方式，无论从形式上还是内容上，相对于传统的安全与教育领域都是一个全新的突破和尝试，这也是本书的最大特点。希望读者能够从中受到启发，有所收获。

目 录

第一章　计算机安全综述

本章主要介绍计算机安全的概念与安全威胁，国内外计算机系统安全规范与标准、安全威胁、安全模型、风险管理和安全体系结构。

第一节　计算机安全的概念与安全威胁

当今社会是科学技术高度发展的信息社会，人类的一切活动均离不开信息，而计算机是对信息进行收集、分析、加工、处理、存储、传输等的主体部分。可是计算机并不安全，它潜伏着严重的不安全性、脆弱性和危险性。攻击者经常利用计算机存在的缺陷对其实施攻击和入侵，窃取重要机密资料，甚至导致计算机瘫痪等，给社会造成巨大的经济损失，甚至危及国家和地区的安全。因此计算机的安全问题是一个关系到人类生活与生存的大事情，必须给予充分重视并设法解决。

本节分别讲述计算机安全的基本概念、计算机安全的定义、安全威胁和国内外安全标准。

一、计算机安全的概念

“安全”作为现代汉语的一个基本词语，在各种现代汉语辞书中有着基本相同的解释。《现代汉语词典》对“安全”的解释是：“没有危险，不受威胁，不出事故。”计算机安全中的“安全”一词对应的英文是“Security”，含义有两方面，一方面是指安全的状态，即免于危险，没有恐惧；另一方面是指对安全的维护，指安全措施和安全机构。

国际标准化委员会有关计算机安全的定义是：“为数据处理系统所采取的技术的和管理的安全保护，保护计算机硬件、软件、数据不因偶然的或恶意的原因而遭到破坏、更改、显露。”

美国国防部国家计算机安全中心的定义是：“要讨论计算机安全首先必须讨论对安全需求的陈述。一般来说，安全的系统会利用一些专门的安全特性来控制对信息的访问，只有经过适当授权的人，或者以这些人的名义进行的进程可以读、写、创建和删除这些信息。”

我国公安部计算机管理监察司的定义是：“计算机安全是指计算机资产安全，即计算机信息系统资源和信息资源不受自然和人为有害因素的威胁和危害。”

从上述定义中可看出，计算机安全不仅涉及技术问题、管理问题，还涉及有关法学、犯罪学、心理学等问题。可以从4方面来描述计算机安全这一概念，即实体安全、软件安全、数据安全和运行安全。而从内容来看，包括计算机安全技术、计算机安全管理、计算机安全评价与安全产品、计算机犯罪与侦查、计算机安全法律、计算机安全监察，以及计算机安全理论与政策。

二、计算机面临的威胁

计算机面临的威胁主要有：电磁泄漏、雷击等环境安全构成的威胁，软硬件故障和工作人员误操作等人为或偶然事故构成的威胁，利用计算机实施盗窃、诈骗等违法犯罪活动的威胁，网络攻击和计算机病毒构成的威胁，以及信息战的威胁等。

（一）环境安全构成的威胁

计算机的所在环境主要是场地与机房，会受到下述各种不安全因素的威胁。

电磁波辐射：计算机设备本身就有电磁辐射问题，也怕外界电磁波的辐射和干扰，特别是自身辐射带有的信息，容易被别人接收，造成信息泄露。

辅助保障系统：水、电、空调中断或不正常都会影响系统运行。

自然因素：火、电、水、静电、灰尘、有害气体、地震、雷电、强磁场和电磁脉冲等带来的危害。这些危害有的会损害系统设备，有的则会破坏数据，甚至毁掉整个系统和数据。

（二）计算机的软硬件故障

电子技术的发展使电子设备出故障的概率在几十年里一降再降，许多设备在它们的使用期内根本不会出错。但是由于计算机和网络的电子设备往往极多，故障还是时有发生。由于器件老化、电源不稳、设备环境等很多问题会使计算机或网络的部分设备暂时或者永久失效。这些故障一般都具有突发的特点。

软件是计算机的重要组成部分，由于软件自身的庞大和复杂性，错误和漏洞的出现是不可避免的。软件故障不仅会导致计算机工作异常甚至死机，所存在的漏洞还会被黑客利用以攻击计算机系统。

（三）人为的无意失误

人为的无意失误包括：程序设计错误、误操作、无意中损坏和无意中泄密等。例如，操作员安全配置不当造成的安全漏洞、用户安全意识不强、用户口令选择不慎、用户将自己的账号随意转借他人或与别人共享等都会给对计算机安全带来威胁。

（四）人为的恶意攻击

人为的恶意攻击包括：主动攻击和被动攻击。主动攻击是指以各种方式有选择地破坏信息（如修改、删除、伪造、添加、重放、乱序、冒充等）。被动攻击是指在不干扰网络信息系统正常工作的情况下进行侦收、截获、窃取、破译和业务流量分析及电磁泄漏等。这些人为的恶意攻击属于计算机犯罪行为，主要的攻击者有以下几种。

1.雇员

人数最多的计算机罪犯类型由那些最容易接近计算机的人，即雇员构成。有时，雇员只是设法从雇主那里盗窃某种东西——设备、软件、电子资金、专有信息或计算机时间。有时，雇员可能出于怨恨而行动，试图“报复”公司。

2.外部用户

除雇员外，有些供应商或客户也可能有机会访问公司的计算机系统。使用自动柜员机的银行客户就是一例。像雇员一样，这些被授权的用户可能获取秘密口令，或者找到进行计算机犯罪的其他途径。

3.“黑客”与“非法侵入者”

有些人认为这两类人相同，其实不然。黑客获取对计算机系统未经授权的访问，是因为这种行为有趣和具有挑战性。非法侵入者的行为相同，但往往是出于恶意。他们可能企图窃取技术信息，或者往系统里放置他们所谓的“炸弹”———种破坏性计算机程序。

4.犯罪团伙

犯罪团伙可以像合法的商业人员一样使用计算机，但是为了达到非法的目的。例如，计算机可用于跟踪赃物或非法赌债。另外，伪造者使用计算机和打印机伪造支票、驾驶证等看起来很复杂的证件。

（五）计算机病毒与恶意软件

计算机病毒（Computer Virus）在《中华人民共和国计算机信息系统安全保护条例》中被明确定义为：“编制或者在计算机程序中插入的破坏计算机功能或者破坏数据，影响计算机使用并且能够自我复制的一组计算机指令或者程序代码。”计算机病毒是一种高技术犯罪，具有瞬时性、动态性和随机性；不易取证，风险小但破坏大，从而刺激了犯罪意识和犯罪活动；是某些人恶作剧和报复心态在计算机应用领域的表现，也是目前对计算机（尤其是个人计算机）的主要威胁之一。

恶意软件是恶意植入系统，破坏和盗取系统信息的程序。恶意软件的泛滥是继病毒、垃圾邮件后互联网世界的又一个全球性问题。恶意软件的传播严重影响了互联网用户的正常上网，侵犯了互联网用户的正当权益，给互联网带来了严重的安全隐患，妨碍了互联网的应用，侵蚀了互联网的诚信。特洛伊木马就是一种恶意软件。该程序看上去有用或无害，但却包含了旨在利用或损坏运行该程序的系统的隐藏代码。特洛伊木马和蠕虫都是典型的恶意软件。

三、安全目标

计算机的安全目标就是要保证系统资源的保密性（Confidentiality）、完整性（Integrity）和可用性（Availability），这就是通常强调所谓CIA三元组的目标。CIA概念的阐述源自信息技术安全评价准则（Information Technology Security Evaluation Criteria，ITSEC），它也是信息安全的基本要素和安全建设所应遵循的基本原则。除此之外还有不可抵赖性、可鉴别性、真实性、可靠性、可控性等。它们之间是相互联系的。

（一）计算机安全的五个属性

在美国国家信息基础设施（National Information Infrastrachure，NII）的文献中，给出了安全的五个属性：保密性、完整性、可用性、可靠性和不可抵赖性。这五个属性适用于国家信息基础设施的教育、娱乐、医疗、运输、国家安全、电力供给及分配、通信等广泛领域。

1.保密性

保密性是指确保信息不暴露给未授权的实体或进程，即信息的内容不会被未授权的第三方所知。这里所指的信息不但包括国家秘密，而且包括各种社会团体、企业组织的工作秘密及商业秘密，个人的秘密和个人私密（如浏览习惯、购物习惯）。防止信息失窃和泄露的保障技术称为保密技术。

2.完整性

完整性是指信息不被偶然或蓄意地删除、修改、伪造、乱序、重放、插入等的特性。只有得到允许的人才能修改实体或进程，并且能够判别出实体或进程是否已被篡改。即信息的内容不能被未授权的第三方修改；信息在存储或传输时不被修改、破坏，不出现信息包的丢失、乱序等。

3.可用性

可用性是指无论何时，只要用户需要，信息系统必须是可用的，也就是说信息系统不能拒绝服务。网络最基本的功能是向用户提供所需的信息和通信服务，而用户的通信要求是随机的，多方面的（语音、数据、文字和图像等），有时还要求时效性。网络必须随时满足用户通信的要求。攻击者通常采用占用资源的手段阻碍授权者的工作。可以使用访问控制机制，阻止非授权用户进入网络，从而保证网络系统的可用性。增强可用性还包括如何有效地避免因各种灾害（战争、地震等）造成的系统失效。

4.可靠性

可靠性（Reliability）是指系统在规定条件和规定时间内完成规定功能的概率。可靠性是安全最基本的要求之一。目前，对于可靠性的研究基本上偏重于硬件可靠性方面。研制高可靠性元器件设备，采取合理的冗余备份措施仍是最基本的可靠性对策，然而，许多故障和事故则与软件可靠性、人员可靠性和环境可靠性有关。

5.不可抵赖性

不可抵赖性也称作不可否认性（Non-Repudiation），它是面向通信双方（人、实体或进程）信息真实同一的安全要求，包括收、发双方均具有不可抵赖性。一是源发证明，它提供证据给信息接收者，使发送者不能否认未发送过这些信息及其内容；二是交付证明，它提供证明给信息发送者，使接收者不能否认未接收过这些信息及其内容。

（二）可信计算机系统评价准则

美国国防部的可信计算机系统评价准则（Trusted Computer System Evaluation Criteria，TCSEC）是计算机信息安全评估的第一个正式标准，具有划时代的意义。该准则于1970年由美国国防科学委员会提出，并于1985年12月由美国国防部公布。TCSEC将安全分为4个方面：安全政策、可说明性、安全保障和文档。该标准将以上4个方面分为7个安全级别，按安全程度从最低到最高依次是D、C1、C2、B1、B2、B3、A1。

D类：最低保护。无须任何安全措施。属于这个级别的操作系统有：DOS、Windows、Apple的Macintosh System 7.1。

C1类：自决的安全保护。系统能够把用户和数据隔开，用户可以根据需要采用系统提供的访问控制措施来保护自己的数据，系统中必有一个防止破坏的区域，其中包含安全功能。用户拥有注册账号和口令，系统通过账号和口令来识别用户是否合法，并决定用户对程序和信息拥有什么样的访问权。

C2类：访问控制保护。控制粒度更细，使得允许或拒绝任何用户访问单个文件成为可能。系统必须对所有的注册，文件的打开、建立和删除进行记录。审计跟踪必须追踪到每个用户对每个目标的访问。能够达到C2级的常见操作系统有：UNIX系统、Windows NT。

B1类：有标签的安全保护。系统中的每个对象都有一个敏感性标签而每个用户都有一个许可级别。许可级别定义了用户可处理的敏感性标签。系统中的每个文件都按内容分类并标有敏感性标签，任何对用户许可级别和成员分类的更改都受到严格控制。较流行的B1级操作系统是OSF/1。

B2类：结构化保护。系统的设计和实现要经过彻底的测试和审查。系统应结构化为明确而独立的模块，实施最少特权原则。必须对所有目标和实体实施访问控制。政策要有专职人员负责实施，要进行隐蔽信道分析。系统必须维护一个保护域，保护系统的完整性，防止外部干扰。目前，UnixWare2.1/ES作为国内独立开发的具有自主版权的高安全性UNIX系统，其安全等级为B2级。

B3类：安全域。系统的关键安全部件必须理解所有客体到主体的访问，必须是防窜扰的，而且必须足够小以便分析与测试。

A1类：系统保护。系统的设计者必须按照一个正式的设计规范来分析系统。对系统分析后，设计者必须运用核对技术来确保系统符合设计规范。A1系统必须满足下列要求：系统管理员必须从开发者那里接收到一个安全策略的正式模型；所有的安装操作都必须由系统管理员进行；系统管理员进行的每一步安装操作都必须有正式文档。

（三）国际安全评价标准的发展及其联系

1991年，欧共体发布了ITSEC。1993年，加拿大发布了加拿大可信计算机产品评价准则（Canadian Trusted Computer Product Evaluation Criteria，CTCPEC），CTCPEC综合了TCSEC和ITSEC两个准则的优点。同年，美国在对TCSEC进行修改补充并吸收ITSEC优点的基础上，发布了美国信息技术安全评价联邦准则（Federal Criteria，FC）。ITSEC与TCSEC不同，其观点是应当分别衡量安全的功能和安全的保障，而不应像TCSEC那样混合考虑安全的功能和安全的保障。因此，ITSEC对每个系统赋予两种等级：F（Functionality）即安全功能等级，E（European Assurance）即安全保障等级。另外，TCSEC把保密作为安全的重点，而ITSEC则把完整性、可用性与保密性作为同等重要的因素。CTCPEC标准将安全需求分为4个层次：机密性、完整性、可靠性和可说明性。FC参照了CTCPEC及TCSEC，在美国的政府、民间和商业领域得到广泛应用。1993年6月，上述国家共同起草了一份通用准则CC（Common Criteriafor Information Technology Security Evaluation），并将该准则推广为国际标准。1999年10月CC的2.1版发布，并且成为ISO标准。该准则结合了FC及ITSEC的主要特征，它强调将安全的功能与保障分离，并将功能需求分为9类63族，将保障分为7类29族。

ISO在安全体系结构方面制定了国际标准ISO 7498-2《信息处理系统、开放系统互连、基本参考模型第2部分：安全体系结构》。该标准提供了安全服务与有关机制的一般描述，确定在参考模型内部可以提供这些服务与机制的位置。

我国由公安部主持制定、国家技术标准局发布了国家标准GB17895《计算机信息系统安全保护等级划分准则》。该准则将信息系统安全分为5个等级，分别是：自主保护级、系统审计保护级、安全标记保护级、结构化保护级和访问验证保护级。主要的安全考核指标有身份认证、自主访问控制、数据完整性、审计、隐蔽信道分析、客体重用、强制访问控制、安全标记、可信路径和可信恢复等，这些指标涵盖了不同级别的安全要求。我国红旗安全操作系统2.0版本已通过公安部计算机信息系统产品质量监督检验中心的认证，达到信息安全第三级的要求。

第二节　安全模型

可信计算机系统评价准则（TCSEC）的发布对操作系统、数据库等方面的安全发展起到了很大的推动作用，被称为信息安全的里程碑。但是，TCSEC是基于主机/终端环境的静态安全模型建立起来的标准，是在当时的网络发展水平下被提出来的。随着网络的深入发展，这个标准已经不能完全适应当前的技术需要，无法完全反应分布式、动态变化、发展迅速的Internet安全问题。针对日益严重的网络安全问题和越来越突出的安全需求，“动态安全模型”应运而生。最早的动态安全模型是PDR，该模型包含Protection（保护）、Detection（检测）、Response（响应）三个过程，对三者的时间要求满足：Dt+Rt<Pt，其中，Dt是系统能够检测到网络攻击或入侵所花费的时间，Rt是从发现对信息系统的入侵开始到系统做出足够反应的时间，Pt是系统设置各种保护措施的有效防护时间，也就是外界入侵实现对安全目标侵害目的所需要的时间。此模型着重强调PDR行为的时间要求，可以不包含风险分析及相关安全策略的制定。在PDR模型的基础上，通过增加安全策略，形成策略、防护、检测、响应的动态安全模型PPDR和增加恢复策略的保护安全模型PDRR。

一、PPDR模型

PPDR模型是可适应网络安全理论或称为动态信息安全理论的主要模型。PPDR模型包含4个主要部分：Policy（安全策略）、Protection（防护）、Detection（检测）和Response（响应）。防护、检测和响应组成了一个所谓的完整、动态的安全循环，在安全策略的整体指导下保证信息系统的安全。

（一）PPDR模型的安全策略

PPDR模型是在整体的安全策略控制和指导下，在综合运用防护工具（如防火墙、操作系统身份认证、加密等手段）的同时，利用检测工具（如漏洞评估、入侵检测等系统）了解和评估系统的安全状态，将系统调整到“最安全”和“风险最低”的状态。

根据PPDR模型的理论，安全策略是整个网络安全的依据。不同的网络需要不同的策略，在制定策略以前，需要全面考虑局域网络中如何在网络层实现安全性，如何控制远程用户访问的安全性、在广域网上的数据传输实现安全加密传输和用户的认证等问题。对这些问题做出详细回答，并确定相应的防护手段和实施办法，就是针对企业网络的一份完整的安全策略。策略一旦制定，应当作为整个企业安全行为的准则。

（二）PPDR模型的理论体系

PPDR模型有自己的理论体系，有数学模型作为其论述基础——基于时间的安全理论（Time Based Security）。该理论的最基本原理就是认为，信息安全相关的所有活动，不管是攻击行为、防护行为、检测行为和响应行为等都要消耗时间。因此可以用时间来衡量一个体系的安全性和安全能力。

作为一个防护体系，当入侵者要发起攻击时，每一步都需要花费时间。当然攻击成功花费的时间就是安全体系提供的防护时间 P_t。在入侵发生的同时，检测系统也在发挥作用，检测到入侵行为也要花费时间——检测时间 D_t；在检测到入侵后，系统会做出应有的响应动作，这也要花费时间——响应时间 R_t。

PPDR模型可以用一些典型的数学公式来表达安全的要求。

公式1：$P_t > D_t + R_t$

P_t是系统为了保护安全目标设置各种保护后的防护时间；或者理解为在这样的保护方式下，黑客（入侵者）攻击安全目标所花费的时间。D_t是从入侵者开始发动入侵开始，系统能够检测到入侵行为所花费的时间。R_t是从发现入侵行为开始，系统能够做出足够的响应，将系统调整到正常状态的时间。那么，针对需要保护的安全目标，如果满足上述数学公式，即防护时间大于检测时间加上响应时间，也就是在入侵者危害安全目标之前就能够被检测到并及时处理。

公式2：$E_t = D_t + R_t$

如果P_t=0，公式的前提是假设防护时间为0。这种假设对WebServer这样的系统可以成立。D_t是从入侵者破坏安全目标系统开始，系统能够检测到破坏行为所花费的时间。R_t是从发现遭到破坏开始，系统能够做出足够的响应，将系统调整到正常状态的时间。比如，对WebServer被破坏的页面进行恢复。那么，D_t与R_t的和就是该安全目标系统的暴露时间E_t。针对需要保护的安全目标，E_t越小则系统就越安全。

通过上面两个公式的描述，实际上给出了一个全新的安全定义："及时的检测和响应就是安全""及时的检测和恢复就是安全。"而且，这样的定义为安全问题的解决给出了明确的方向：提高系统的防护时间P_t，降低检测时间D_t和响应时间R_t。

（三）PPDR的应用

PPDR理论给人们提出了全新的安全概念，安全不能依靠单纯的静态防护，也不能依靠单纯的技术手段来解决。网络安全理论和技术还将随着网络技术、应用技术的发展而发展。未来的网络安全会有以下趋势：

一方面，高度灵活和自动化的网络安全管理辅助工具将成为企业信息安全主管的首选，它能帮助管理相当庞大的网络，通过对安全数据进行自动地多维分析和汇总，使人从海量的安全数据中解脱出来，根据它提交的决策报告进行安全策略的制定和安全决策。

另一方面，由于网络安全问题的复杂性，网络安全管理将与已经较成熟的网络管理集成，在统一的平台上实现网络管理和安全管理。

另外，检测技术将更加细化，针对各种新应用程序的漏洞评估和入侵监控技术将会产生，攻击追踪技术也将应用到网络安全管理的环节当中。

因此，网络安全时代已经到来，以PPDR理论为主导的安全概念必将随着技术的发展而不断丰富和完善。

在这里要特别强调模型中的应急计划和应急措施，它是动态循环中的一个关键，也是在发生事件后减轻损失和灾难的最有效方法。一般来说，应急计划和应急措施包括以下三个方面：

（1）建立系统时需同时建立应急方案和措施；

（2）成立专门的、专人负责的应急行动小组；

（3）入侵发生后迅速有效地控制局面（对入侵者的鉴定和跟踪、分析结果、启动应急方案、检查和恢复系统运行）。

二、PDRR模型

PDRR模型也是一个最常用的网络安全模型，该模型把网络体系结构划分为Protect（防护）、Detect（检测）、React（响应）、Restore（恢复）四个部分。PDRR模型把信息的安全保护作为基础，将保护视为活动过程，要用检测手段来发现安全漏洞，及时更正；同时采用应急响应措施对付各种入侵；在系统被入侵后，要采取相应的措施将系统恢复到正常状态，这样使信息的安全得到全方位的保障。该模型强调的是故障自动恢复能力。PDRR安全模型中安全策略的前三个环节与PPDR安全模型中后三个环节的内涵基本相同。最后一个环节 “恢复”，是指在系统被入侵之后，把系统恢复到原来的状态或者比原来更安全的状态。系统恢复过程通常包括两个环节 ：一是对被入侵的系统受到的影响进行评估与重建，二是采取更有效的安全技术措施。

（一）防护

PDRR模型的最重要的部分就是防护（P）。防护是预先阻止攻击可以发生的条件产生，让攻击者无法顺利地入侵，防护可以减少大多数的入侵事件。除了物理层的安全保护外，还包括防火墙、用户身份认证和访问控制、防病毒、数据加密等。

（二）检测

PDRR模型的第二个环节就是检测（D）。通过防护系统可以阻止大多数的入侵事件，但是它不能阻止所有的入侵，特别是那些利用新系统和应用的缺陷以及发生在内部的攻击。因此PDRR的第二个安全环节就是检测，即当入侵行为发生时可以即时检测出来。检测常用的工具是入侵检测系统。

（三）响应

响应是针对一个已知入侵事件进行的处理。在一个大规模的网络中，响应都是由一个特殊部门如计算机响应小组负责。响应工作可以分为两种，即紧急响应和其他事件处理。紧急响应就是当安全事件发生时即时采取应对措施，如入侵检测系统的报警以及与防火墙联动以主动阻止连接，当然也包括通过其他方式的汇报和事故处理等。其他事件处理则主要包括咨询、培训和技术支持等。

（四）恢复

没有绝对的安全，网络攻击以及其他灾难事件还是不可避免地会发生。恢复是PDRR模型中的最后一个环节 ，攻击事件发生后，可以即时把系统恢复到原来或者比原来更加安全的状态。恢复可以分为系统恢复和信息恢复两个方面。系统恢复是根据检测和响应环节提供有关事件的资料进行的，它主要是修补被攻击者所利用的各种系统缺陷以及消除后门，如系统升级、软件升级和打补丁等，不让黑客再次利用相同的漏洞入侵。信息恢复指的是对丢失数据的恢复，主要是从备份和归档的数据恢复原来数据。数据丢失可能是由于黑客入侵造成的，也可以是由于系统故障、自然灾害等原因造成的。信息恢复过程跟数据备份过程有很大的关系，数据备份做得是否充分对信息恢复是否成功有很大的影响。在信息恢复过程中要注意信息恢复的优先级别。直接影响日常生活和工作的信息必须先恢复，这样可以提高信息恢复的效率。

当然，PDRR模型表现为网络安全最终的存在形态，是一类目标体系和模型，它并不关注网络安全建设的工程过程，并没有阐述实现目标体系的途径和方法。此外，模型更侧重于技术，对管理等因素并没有强调。网络安全体系应该是融合技术和管理的一个可以全面解决安全问题的体系结构，应该具有动态性、过程性、全面性、层次性和平衡性等特点，是一个可以在信息安全实践活动中真正依据的建设蓝图。

三、APPDRR模型

安全防护级别对于不同的系统是有区别的，如何确定需要依据对系统的风险分析和评估，所以前面介绍的两个模型中又引入了风险评估，形成了APPDRR模型。APPDRR模型认为网络安全由风险评估（Assessment）、安全策略（Policy）、系统防护（Protection）、动态检测（Detection）、实时响应（Reaction）和灾难恢复（Restoration）六部分组成。

根据APPDRR模型，网络安全的第一个重要环节是风险评估，通过风险评估，可以掌握网络安全面临的风险信息，进而采取必要的处置措施，使信息组织的网络安全水平呈现动态螺旋上升的趋势。

网络安全策略是APPDRR模型的第二个重要环节，起着承上启下的作用：一方面，安全策略应当随着风险评估的结果和安全需求的变化做相应的更新；另一方面，安全策略在整个网络安全工作中处于原则性的指导地位，其后的检测、响应诸环节都应在安全策略的基础上展开。

系统防护是安全模型中的第三个环节，体现了网络安全的静态防护措施。接下来是动态检测、实时响应、灾难恢复三个环节，体现了安全动态防护和安全入侵、安全威胁“短兵相接”的对抗性特征。

APPDRR模型还隐含了网络安全的相对性和动态螺旋上升的过程，即不存在百分之百的静态网络安全，网络安全表现为一个不断改进的过程。通过风险评估、安全策略、系统防护、动态检测、实时响应和灾难恢复六个环节的循环流动，网络安全逐渐地得以完善和提高，从而实现保护网络资源的网络安全目标。

第三节　风险管理

在信息时代，信息成为第一战略资源，更是起着至关重要的作用。因此，信息资产安全与否关系到该机构能否完成其使命的大事。资产与风险是天生的一对矛盾，资产价值越高，面临的风险就越大。信息资产有着与传统资产不同的特性，面临着新型风险。计算机安全风险管理的目的就是要缓解和平衡这一对矛盾，将风险处理到可接受的程度，保护信息及其相关资产，最终保证机构能够完成其使命。

一、风险管理定义

风险就是不利事件发生的可能性。风险管理又称为危机管理，是指如何在一个肯定有风险的环境里把风险减至最低的管理过程。其中包括对风险的量度、评估和应变策略。理想的风险管理，是一连串排好优先次序的过程，使其中可以引致最大损失及最可能发生的事情优先处理，而风险相对较低的事情则押后处理。

风险管理是评估风险、采取步骤将风险消减到可接受的水平并且维持这一风险级别的过程。计算机安全风险管理最重要的是要认可一个最基本的假设：计算机不可能绝对安全。总是有风险存在，无论这种风险是由受到信任的员工欺诈系统造成的，还是由火灾摧毁关键资源造成的。

风险管理确定系统安全需求，并选择满足安全需求的安全机制和安全措施。安全措施实施后通过评估确认系统风险降低到可接受的水平。风险管理包括4个任务：

（1）确定系统的安全需求；

（2）选择能够满足安全需求的安全机制和安全措施；

（3）安全机制的建立和安全措施的实施；

（4）评估确认实施的安全机制和安全措施满足了安全需求，并将系统风险控制在可接受的范围。

风险管理由两个主要的和一个基础的活动构成，风险评估和风险消减是主要活动，而不确定性分析是基础活动。

二、风险评估

风险评估（Risk Assessment）是对信息资产面临的威胁、存在的弱点、造成的影响，以及三者综合作用而带来风险的可能性的评估。

（一）风险评估的过程

作为风险管理的基础，风险评估是组织确定信息安全需求的一个重要途径，属于组织信息安全管理体系策划的过程。风险评估的主要任务包括：

（1）识别组织面临的各种风险；

（2）评估风险概率和可能带来的负面影响；

（3）确定组织承受风险的能力；

（4）确定风险消减和控制的优先等级；

（5）推荐风险消减对策。

在风险评估过程中，有几个关键的问题需要考虑。第一，要确定保护的对象（或者资产）是什么？它的直接和间接价值如何？第二，资产面临哪些潜在威胁？导致威胁的问题所在？威胁发生的可能性有多大？第三，资产中存在哪些弱点可能会被威胁所利用？利用的容易程度又如何？第四，一旦威胁事件发生，组织会遭受怎样的损失或者面临怎样的负面影响？第五，组织应该采取怎样的安全措施才能将风险带来的损失降低到最低程度？

解决以上问题的过程，就是风险评估的过程。这里需要注意，在谈到风险管理时，人们经常提到的还有风险分析（Risk Analysis）这个概念，实际上，对于信息安全风险管理来说，风险分析和风险评估基本上是同义的。当然，如果细究起来，风险分析应该是处理风险的总体战略（它包括风险评估和风险管理两个部分，此处的风险管理相当于本文的风险消减（Risk Mitigation）和风险控制的过程，风险评估只是风险分析过程中的一项工作，即对可识别的风险进行评估，以确定其可能造成的危害。

（二）风险评估的主要任务

针对计算机安全的风险评估，则是指依据国家有关信息安全技术标准，对计算机系统及由其处理、传输和存储信息的保密性、完整性和可用性等安全属性进行科学评价的过程，它要评估计算机系统的脆弱性、计算机系统面临的威胁以及脆弱性被威胁源利用后所产生的实际负面影响，并根据安全事件发生的可能性和负面影响的程度来识别计算机系统的安全风险。这个过程的主要任务有以下几个方面。

（1）威胁分析。识别出存在的威胁源、偶然原因造成的或人为造成的威胁行为，分析威胁发生的原因和影响，确定威胁发生的频率。

（2）系统脆弱性分析。分析系统存在的脆弱性，综合分析脆弱性对机密性、完整性和可用性的潜在危害程度，以及脆弱性被利用的可能性，从而给每一项脆弱性定级，调查系统现有的安全保护措施，完成脆弱性分析。

（3）风险定级和排序。结合威胁分析和脆弱性分析结果，定性分析威胁利用系统存在的脆弱性发起威胁的可能性（考虑威胁动机和需要的技术、技能和设备，系统安全措施对脆弱性的保护程度等）以及威胁行为使资产失去机密性、完整性和可用性造成的后果。

确定每一个风险的等级并排序。

计算机的风险是威胁及其薄弱点的结合。没有薄弱点的威胁不会带来风险，同样，没有薄弱点也不会带来风险。

三、风险消减

风险消减是风险管理过程的第二个阶段，牵涉确定风险消减策略、选定风险和安全控制措施优先级、制订安全计划并实施控制措施等活动。

要消减风险，就必须实施相应的安全措施，忽略或容忍所有的风险显然是不可接受的，但实施安全控制措施要有所付出，包括购买、安装、维护等方面所需的人力和物力，所以，组织的决策者应该找到一个利益和代价的平衡点，根据组织的实际情况来选择最恰当的安全措施，将组织面临的风险减少到可接受的水平，使组织资源和商务可能受到的负面影响降低到最低程度。

在组织选择并实施风险评估结果中推荐的安全措施之前，首先要明确自己的风险消减策略，也就是应对各种风险的途径和决策方式。

就应对风险的途径来说，有以下几种选择。

（1）降低风险（Reduce Risk）：实施有效控制，将风险降低到可接受的程度。实际上就是力图减小威胁发生的可能性和带来的影响，包括以下几方面。①减少威胁。例如，建立并实施恶意软件控制程序，减少信息系统受恶意软件攻击的机会。②减少弱点。例如，通过安全教育和意识培训，强化职员的安全意识与安全操作能力。③降低影响。例如，制订灾难恢复计划和业务连续性计划，做好备份。

（2）规避风险（AvoidRisk）：有时，组织可以选择放弃某些可能引来风险的业务或资产，以此规避风险。例如，将重要的计算机系统与互联网隔离，使其免遭来自外部网络的攻击。

（3）转嫁风险（Transfer Risk）：将风险全部或者部分地转移到其他责任方，如购买商业保险。

（4）接受风险（Accept Risk）：在实施了其他风险应对措施之后，对于残留的风险，组织可以选择接受，即所谓的无作为。

针对特定风险，组织可以选择以上措施来应对，但有一点需要明确，面对众多已识别的风险，组织很难对所有的风险都一视同仁。风险大小、严重程度、紧迫性、所需资源总会有所区别，企业应对处理的风险有优先级的考虑，如果是严重影响了组织商务生存的，应该放到最前面，在资源提供和相关支持上也要优先给予。

当然，各个组织的环境和现实状况不同，安全目标也有差异，这就决定了在选择风险消减策略上的多样性。应对风险，最好的办法就是将合适的技术、恰当的风险消减策略，以及非技术性措施有机结合起来，这样才能达到较好的效果。

除了明确应对风险的途径，组织还应该清楚具体的决策方式，也就是说，什么时候并且在什么情况下应该采取这些应对措施。对组织的管理层来说，这也是风险管理决策过程的必然内容。

需要注意，对于攻击者代价大于收获的情况，比如加密算法尽管可破，但需要耗费破解者大量计算资源和相当长时间（如几十年甚至更长）的情况下，决策者可以考虑接受风险，毕竟攻击难度的增加可以大大消减攻击者的动机。

第四节　安全体系结构

计算机安全的最终任务是保护计算机系统中各种资源被合法用户安全使用，并禁止非法用户、入侵者、攻击者和黑客非法偷盗、使用这些资源。影响计算机安全的因素是多方面的，必须采用系统工程的观点、方法来分析计算机系统的安全，根据制定的安全策略确定合理的计算机安全体系结构。安全的保护机制包括电磁辐射、环境安全、计算机硬件、软件、网络技术等技术因素，还包括安全管理（含系统安全管理、安全服务管理和安全机制管理）、法律和心理因素等机制。国际信息系统安全认证组织（International Information Systems Security Consortium，ISC2）将信息安全划分为5重屏障共10大领域，并给出了它们涵盖的知识结构。

信息安全的这5重屏障层层相套，各有不同的保护手段及所针对的对象，可完成不同的防卫任务。上述5重屏障又包含若干子系统，可以进一步细化以防范某一方面的安全威胁。信息安全从内外、进出、正常异常、犯规犯罪等几个方面对信息资源进行多方位的保护。

ISO7498-2规定的“开放系统互连安全体系结构”（Open System Interconnection，OSI）给出了基于OSI模型的7层协议之上的信息安全体系结构，它定义了开放系统的5大类安全服务，以及提供这些服务的8大类安全机制及相应的OSI安全管理，并可以根据具体系统适当地配置于OSI模型的7层协议中。

一、安全服务

OSI安全体系结构规定了开放系统必须具备以下5种安全服务。

（1）鉴别服务：提供对通信中的对等实体和数据来源的鉴别。

（2）访问控制：提供保护以对抗开放系统互连可访问资源的非授权使用。

（3）数据完整性：可以针对有连接或无连接的条件下，对数据进行完整性检验。在连接状态下，当数据遭到任何篡改、插入、删除时还可进行补救或恢复。

（4）数据保密性：对数据提供保护使之不被非授权地泄露。

（5）不可抵赖性：对发送方来说，发送的数据将被保留为证据，并将这一证据提供给接收方，以此证明发送方的发送行为；同样，接收方接收数据后将产生交付证据并送回原发送方，接收方不能否认收到过这些数据。

安全服务与OSI七层协议的关系导致发送方也要求接收方不能否认已经收到的信息。

二、安全机制

安全服务由相应的安全机制来提供。ISO7498-2包含与OSI模型相关的8种安全机制。这8种安全机制可以设置在适当的层次中，以提供相应的安全服务。

（1）加密。加密既能为数据提供保密性，也能为通信业务流提供保密性，并且还能为其他机制提供补充。加密机制可配置在多个协议层次中，选择加密层的原则是根据应用的需求来确定的。

（2）数字签名机制。可以完成对数据单元的签名工作，也可实现对已有签名的验证工作。当然数字签名必须具有不可伪造和不可抵赖的特点。

（3）访问控制机制。按实体所拥有的访问权限对指定资源进行访问，对非授权或不正当的访问应有一定的报警或审计跟踪方法。

（4）数据完整性机制。针对数据单元，一般通过发送端产生一个与数据单元相关的附加码，接收端通过对数据单元与附加码的相关验证控制数据的完整性。

（5）鉴别交换机制。可以使用密码技术，由发送方提供，而由接收方验证来实现鉴别。通过特定的“握手”协议防止鉴别“重放”。

（6）通信业务填充机制。业务分析，特别是基于流量的业务分析是攻击通信系统的主要方法之一。通过通信业务填充来提供各种不同级别的保护。

（7）路由选择控制机制。针对数据单元的安全性要求，可以提供安全的路由选择方法。

（8）公证机制。通过第三方机构，实现对通信数据的完整性、原发性、时间和目的地等内容的公证。一般通过数字签名、加密等机制来适应公证机构提供的公证服务。

第二章　实体安全与可靠性

本章主要介绍计算机实体安全与可靠性方面的相关理论及实用技术。主要内容包括：实体安全的定义和内容；计算机场地环境的安全要求以及电磁防护和硬件防护的基本方法；计算机系统可靠性与容错性方面的知识，双机容错技术，存储备份和集群技术，硬盘阵列等。

第一节　实体安全

在计算机信息系统中，计算机及其相关的设备、设施（含网络）统称为计算机信息系统的实体。实体安全（Physical Security）又称物理安全，是保护计算机设施（含网络）以及其他媒体免遭地震、水灾、火灾、有害气体和其他环境事故（如电磁污染等）破坏的措施、过程（中华人民共和国公共安全行业标准）。

一、影响计算机实体安全的主要因素

影响计算机实体安全的主要因素如下：

（1）计算机及其网络系统自身存在的脆弱性因素。

（2）各种自然灾害导致的安全问题。

（3）由于人为的错误操作及各种计算机犯罪导致的安全问题。

二、实体安全的内容

实体安全主要考虑的问题是环境、场地和设备的安全及实体访问控制和应急处置计划等。实体安全技术主要是指对计算机及网络系统的环境、场地、设备和通信线路等采取的安全措施。实体安全技术实施的目的是保护计算机、网络服务器、打印机等硬件实体和通信设施免受自然灾害、人为失误、犯罪行为的破坏，确保系统有一个良好的电磁兼容工作环境，建立完备的安全管理制度，防止非法进入计算机工作环境和各种偷窃、破坏活动的发生。

实体安全主要包括以下3个方面：

（1）环境安全：对系统所在环境的安全保护，如区域保护和灾难保护。

（2）设备安全：包括设备的防盗、防毁、防电磁信息辐射泄露、抗电磁干扰及电源保护等。

（3）媒体安全：包括媒体数据的安全及媒体本身的安全。对计算机信息系统实体的破坏，不仅会造成巨大的经济损失，还会导致系统中的机密信息数据丢失和破坏。

三、环境安全

计算机系统的安全与外界环境有密切的关系，系统器件、工艺、材料因素等是用户无法改变的，但工作环境是用户可以选择、决定和改变的。

计算机场地是计算机系统的安置地点，是计算机供电、空调以及该系统维修和工作人员的工作场所。计算机场地位置应该力求避开：易发生火灾的区域；有害气体来源以及存放腐蚀、易燃、易爆物品的地方；低洼、潮湿、落雷区域和地震频繁的地方；强振动源和强噪声源；强电磁场；建筑物的高层或地下室，以及用水设备的下层或隔壁。

计算机机房内部装修材料应是难燃材料和非燃材料，应能防潮、吸音、不起尘、抗静电等。重要的机房应该具有灾害防御系统，主要包括供、配电系统，火灾报警及消防设施。另外需要考虑防水、防静电、防雷击、防鼠害等。例如，机房和存储重要数据的媒体存放间，其建筑物的耐火等级必须符合《高层民用建筑设计防火规范》中规定的一级、二级耐火等级。机房应在机房和媒体库内及主要空调管道中设置火灾报警装置。

中华人民共和国公共安全行业标准（GA163—2014）明确指出对计算机信息系统所在环境的安全保护，主要包括受灾防护和区域防护。

（一）受灾防护

雷电、鼠害、火灾、水灾、地震等各种自然灾害都会对计算机系统造成毁灭性的破坏。当自然灾害或人为制造的灾难来临时，身处险地的计算机系统也面临着空前的考验。一旦计算机系统中存储的数据被毁，人们失去的将不仅仅是记忆。试想，如果中央银行的账号信息全部在灾难中丢失，整个社会的金融体系就将面临崩溃的危险。IBM公司曾做过统计，计算机系统如果一个小时不能正常工作，90%的企业还能生存；如果一天不能正常工作，有80%的公司将关闭；而如果一个星期不工作，则没有一家公司能幸免。

受灾防护的目的是保护计算机信息系统免受水、火、有害气体、地震、雷击和静电的危害。受灾保护应考虑到灾难发生前后的具体应对措施。

（1）灾难发生前，对灾难的检测和报警；

（2）灾难发生时，对正遭受破坏的计算机信息系统采取紧急措施，进行现场实时保护；

（3）灾难发生后，对已经遭受某种破坏的计算机信息系统进行灾后恢复。

（二）区域防护

区域防护是对特定区域边界实施控制提供某种形式的保护和隔离，以达到保护区域内部系统安全性的目的。例如，通过电子手段（如红外扫描等）或其他手段对特定区域（如机房等）进行某种形式的保护（如监测和控制等）。

实施边界控制，应定义出清晰、明确的边界范畴及边界安全需求。一般包括安全区域外围，如防护墙、周边监视控制系统、外部接待访问区域设置等。

区域划分的主要目的是根据访问控制权限的不同，从物理的角度控制主体（人）对不同客体的访问，防止非法的侵入和对区域内设备与系统的破坏。它通过区域的物理隔离、门禁系统设计达到访问控制要求。区域隔离的要求同样适用于进入安全区域内的种种软件、硬件及其他设施。不同等级的安全区域，具有不同的标识和内容，所有进入各层次安全区域的介质，都应有管理或一定的控制程序进行检查，做到区域分隔、从人到物各层次区域访问的真正可控。

对出入机房的人员进行访问控制。例如，机房应只设一个出入口，另设若干供紧急情况下疏散的出口。应根据每个工作人员的实际工作需要，确定所能进入的区域。根据各区域的重要程度采取必要的出入控制措施，如填写进出记录，采用电子门锁等。

对主机房及重要信息存储、收发部门进行屏蔽处理。即建设一个具有高效屏蔽效能的屏蔽室，用它来安装运行主要设备，以防止硬盘、磁带与高辐射设备等的信号外泄。为提高屏蔽室的效能，在屏蔽室与外界的各项联系、连接中均要采取相应的隔离措施和设计，如信号线、电话线、空调与消防控制线等。由于电缆传输辐射信息的不可避免性，可采用光缆传输的方式。

四、设备安全

设备安全主要包括设备的防盗和防毁，防止电磁信息泄露，防止线路截获，抗电磁干扰以及电源保护。

（一）设备防盗

可以将一定的防盗手段（如移动报警器、数字探测报警器和部件上锁）用于计算机信息系统设备和部件，以提高计算机信息系统设备和部件的安全性。

（二）设备防毁

设备防毁包括两方面：一是对抗自然的破坏，如使用接地保护等措施保护计算机信息系统设备和部件；二是对抗人为的破坏，如使用防砸外壳等措施。

（三）防止线路截获

线路截获主要是防止对计算机信息系统通信线路的截获与干扰。重要技术可归纳为4个方面：预防线路截获（使线路截获设备无法正常工作）；探测线路截获（发现线路截获并报警）；定位线路截获（发现线路截获设备工作的位置）；对抗线路截获。

（四）电磁防护

计算机是一种电子设备，在工作时都不可避免地会向外辐射电磁波，同时也会受到其他电子设备的电磁波干扰，当电磁干扰达到一定的程度就会影响设备的正常工作，会有电磁辐射泄密的危险。

电磁干扰可通过电磁辐射和传导这两条途径影响设备的工作。一条是电子设备辐射的电磁波通过电路耦合引入另一台电子设备中引起干扰；另一条是通过连接的导线、电源线、信号线等耦合而引起相互之间的干扰。

电子设备及其元器件都不是孤立存在的，而是在一定的电磁干扰的环境下工作。电磁兼容性就是电子设备或系统在一定的电磁环境下互相兼顾、相容的能力。电磁兼容的历史很长。1831年法拉第发现电磁感应现象，总结出电磁感应定律；1881年英国科学家希维思德发表了“论干扰”的文章；1888年赫兹证明了电磁干扰现象。20世纪以来，特别是在第二次世界大战中，电磁兼容理论进一步发展，逐步形成了一门独立的学科。电磁兼容设计已成为军用武器装备和电子设备研制中心必须严格遵守的原则，电磁兼容性成为产品可靠性保证的重要组成部分。如果设备的电磁兼容性很差，在电磁干扰的环境中就不能正常工作。我国已将电磁兼容性作为强制性的标准来执行。

（五）TEMPEST技术

TEMPEST（Transient Electromagnetic Pulse Emanation Standard，瞬态电磁辐射标准）技术最早起源于美国国家安全局的一项绝密计划，它用于控制电子设备泄密发射的代号。该项计划主要包括：电子设备中信息泄露（电磁、声）信号的检测；信息泄露的抑制。TEMPEST技术研究的主要内容包括：技术标准及规范研究；测试方法及测试仪器设备研究；防护及制造技术研究；服务、咨询及管理方法研究。

TEMPEST技术是一种综合性很强的技术，包括泄露信息的分析、预测、接收、识别、复原、防护、测试、安全评估等多项技术，涉及多个学科领域。它基本上是在传统的电磁兼容理论的基础上发展起来的，但比传统抑制电磁干扰的要求要高得多，技术实现上也更复杂。它关心的是不要泄露有用的信息。一般认为显示器的视频信号、打印机打印头的驱动信号、磁头读写信号、键盘输入信号以及信号线上的输入输出信号等为重点防护信号。美国政府规定，凡属高度机密部门所使用的计算机等信息处理设备，其电磁泄漏发射必须达到TEMPEST标准规定的要求。

目前主要防护措施有两类：一类是对传导发射的防护，主要采取对电源线和信号线加装性能良好的滤波器，减小传输阻抗和导线间的交叉耦合；另一类是对辐射的防护，这类防护措施又可分为两种，第一种是采用各种电磁屏蔽措施，如对设备的金属屏蔽和各种插件的屏蔽，同时对机房的下水管、暖气管和金属门窗进行屏蔽和隔离；第二种是干扰的防护措施，即在计算机系统工作的同时，利用干扰装置产生一种与计算机系统辐射相关的伪噪声，并向空间辐射以掩盖计算机系统的工作频率和信息特征。

为提高电子设备的抗干扰能力，除在芯片、部件上提高抗干扰能力外，TEMPEST技术主要采用的措施有以下6种。

（1）屏蔽。屏蔽是TEMPSET技术中采取的基本措施。屏蔽的内容非常广泛，电子设备中每个零件、功能模块等都可以分别进行屏蔽。例如，使用屏蔽室、屏蔽柜对整个电子设备进行屏蔽，使用隔离仓、屏蔽印制电路板对设备中容易产生辐射的元器件进行屏蔽。

（2）红、黑设备隔离。在安全通信和TEMPEST系统中，其基本单元可划为红设备和黑设备两个部分。其中，红设备是指处理保密信息和数据的设备，黑设备是处理非保密信息和数据的设备。红、黑单元之间是绝对不允许进行数据传输的。通常是在两者之间建立红/黑界面，避免两单元的直接连接，仅仅实现黑设备到红设备的单向信息传输。

（3）布线与元器件选择。采用多层布线和表面安装技术，尽量减少电路板上布线和元器件引线的长度。尽量选用低速和低功耗逻辑器件，以减少高次谐波。

（4）滤波。使用适合的滤波器，减弱高次谐波，减少线路板上各种传输线之间的辐射和红/黑信号的耦合。

（5）I/O接口和连接。在输入输出接口上除了使用滤波器外，还要使用屏蔽电缆，尽量减少电缆的阻抗和失配；使用屏蔽型连接器，减少设备之间的干扰。

（6）TEMPEST测试技术。即检验电子设备是否符合TEMPEST标准。其测试内容并不仅限于电磁发射的强度，还包括对发射信号内容的分析、鉴别。

五、媒体安全

媒体安全是指媒体本身和媒体数据的安全保护，包括：媒体的防盗和防毁，媒体数据的防盗和媒体数据的销毁。

（一）媒体本身的安全

为保证媒体本身的安全，媒体介质的存放和管理应有相应的制度和措施。

（1）存放有用数据的各类记录介质，如纸介质、磁介质、半导体介质和光介质等，应有一定措施防止被盗、被毁和受损，如将介质放在有专人值守的库房或密码文件柜内。

（2）存放重要数据和关键数据的各类记录介质，应采取有效措施如建立介质库、异地存放等，防止被盗、被毁和发霉变质。

（3）系统中有很高使用价值或很高机密程度的重要数据，或者对系统运行和应用来说起关键作用的数据，应采用加密等方法进行保护。

（二）媒体数据的安全

媒体数据的安全是指对媒体数据的保护，包括：媒体数据的防盗（如防止媒体数据被非法拷贝）；媒体数据的销毁，防止媒体数据删除或销毁后被他人恢复而泄露信息；媒体数据的防毁，防止意外或故意的破坏使媒体数据丢失。为了保证媒体数据的安全必须采取以下措施。

（1）应该删除和销毁的有用数据，应有一定措施以防止被非法拷贝，如由专人负责集中销毁。

（2）应该删除和销毁的重要数据和关键数据，应采取有效措施以防止被非法拷贝。

（3）重要数据的销毁和处理，要有严格的管理和审批手续，而对于关键数据则应长期保存。

（三）硬盘的安全

硬盘是目前计算机主要的信息载体。无论大型计算机还是个人计算机中的硬盘，无论是固态硬盘还是移动硬盘，都有可能存放着涉及国家、各级政府机构、企事业单位和个人的机密信息，硬盘的安全使用对保证计算机系统数据的安全有着重要的意义。硬盘信息保密最主要的措施有以下5种。

1.统一管理硬盘

要防止计算机硬盘丢失、被窃和被复制还原泄密，最主要和最重要的是建立和执行严格的硬盘信息保密管理制度，同时在一些环节中再采取一定的保密技术防范措施，这样就能防止硬盘在保管、传递和使用等过程中失控、泄密。

2.硬盘信息加密

硬盘信息加密技术是计算机信息安全保密控制措施的核心技术手段，是保证信息安全保密的根本措施。信息加密是通过密码技术的应用来实现的。硬盘信息一旦使用信息加密技术进行加密，即具有很高的保密强度，可使硬盘即使被窃或被复制，其记载的信息也难以被读懂、泄露。具体的硬盘信息加密技术还可细分为文件名加密、目录加密、程序加密、数据库加密和整盘数据加密等，具体应用可视硬盘信息的保密强度要求而定。

3.标明密级

所有载密媒体应按所存储信息的最高密级标明密级，并按相应密级文件进行管理。存储过国家秘密信息的计算机媒体（硬盘或光盘）不能降低密级使用，不再使用的媒体应及时销毁。不得将存储过国家秘密信息的硬盘与存储普通信息的硬盘混用，必须严格管理。

4.载密硬盘维修时要有专人监督

载密硬盘维修时要有专人负责监督，不管是送出去维修还是请人上门维修，都应有人监督维修。有双机备份的系统，为了做好保密工作，可考虑将损坏的硬盘销毁。

5.硬盘信息清除

计算机硬盘上记载的信息在一定程度上是抹除不净的，使用一些恢复软件可以将已抹除信息的硬盘上的原有信息提取出来。据一些资料的介绍，即使硬盘已改写了12次，但第一次写入的信息仍有可能复原出来。这使涉密和重要硬盘的管理、废弃以及硬盘的处理，都变成了很重要的问题。国外有的甚至规定记录绝密信息资料的硬盘只准用一次，不用时就必须销毁，不准抹后重录。

对于一些经处理后仍达不到保密要求的硬盘，或已损坏需废弃的涉密硬盘，以及曾记载过绝密信息的硬盘，必须做销毁处理。硬盘销毁的方法是将硬盘碾碎，然后丢进焚化炉熔为灰烬。

第二节　计算机系统的可靠性与容错性

一般所说的“可靠性”指的是“可信赖的”或“可信任的”。我们说一个人是可靠的，就是说这个人是能说到做到的人，而一个不可靠的人是一个不一定能说到做到的人，是否能做到要取决于这个人的意志、才能和机会。同样，一台仪器设备，当人们要求它工作时，它就能工作，则说它是可靠的；而当人们要求它工作时，它有时工作，有时不工作，则称它是不可靠的。

根据国家标准的规定，产品的可靠性是指：产品在规定的条件下、在规定的时间内完成规定功能的能力。

对计算机系统而言，可靠性越高系统就越好。可靠性高的系统，可以长时间正常工作，从专业术语上来说，就是系统的可靠性越高，系统可以无故障工作的时间就越长。

容错性是指计算机系统在出现重大的事故或故障（如电力中断、硬件故障）时做出反应，以确保数据不会丢失并且能够继续运行的能力。

一、可靠性、可维修性和可用性

（一）可靠性

计算机系统的可靠性用平均无故障时间（Meantime Between Failures，MTBF）来度量，是指从计算机开始运行（t=0）到某时刻（t）这段时间内能够正常运行的概率。系统的可靠性越高，平均无故障时间越长。

（二）可维修性

可维修性是指计算机的维修效率，通常用平均修复时间（Meantime To Repair Fault，MTRF）来表示。MTRF是指从故障发生到系统恢复平均所需要的时间。可维修性有时用可维修度来度量。在给定时间内，将一失效系统恢复到运行状态的概率称为可维修度。

（三）可用性

可用性（Availability）是指系统在执行任务的任意时刻能正常工作的概率。系统可用性有时用可用度来度量。系统在t时刻处于正确状态的概率称为可用度，用A(t)来表示。

A(t)=MTBF/(MTBF+MTRF)

即：A(t)=平均无故障时间/（平均无故障时间+平均修复时间）

影响计算机可靠性的因素有内因和外因。内因是指机器本身的因素，包括设计、工艺、结构、调试等因素，元件选择和使用不当、电路和结构设计不合理、生产工艺不良、质量控制不严、调试不当等都会影响计算机的可靠性。外因是指所在环境条件对系统可靠性、稳定性和维护水平的影响。环境条件包括：空气条件、机械条件、电气条件、电磁条件等几个方面。在系统的可靠性工程中，元器件是基础，设计是关键，环境是保证。因此，要提高信息系统的可靠性，除了保证系统的正常工作条件及正确使用和维护外，还要采取容错、数据备份、双机系统和集群等技术。

二、容错系统

容错是用冗余的资源使计算机具有容忍故障的能力，即在产生故障的情况下，仍有能力将指定的算法继续完成。容错技术是指在一定程度上容忍故障的技术，也称为故障掩盖技术（Fault Masking）。采用容错技术的系统称容错系统。

容错的基本思想首先来自于硬件容错，1950—1970年，硬件容错在理论和应用上都有重大的发展，目前已成为一种成熟的技术并应用到实际系统中，如多CPU、双电源等，军事上出现了容错计算机。软件容错的基本思想是从硬件容错中引申过来的，20世纪70年代中期开始认识到软件容错的潜在作用；数据容错的策略即数据备份；网络容错是将硬件容错和软件容错两方面的技术融合在一起，随着近年来网络的普及而有新的发展。

（一）冗余设计的实现方法

容错主要依靠冗余设计来实现，它以增加资源的办法换取可靠性。由于资源的不同，冗余技术分为硬件冗余、软件冗余、信息冗余和时间冗余。

1.硬件冗余

硬件冗余是通过增加线路、设备、部件，形成备份，其基本方法如下。

硬件堆积冗余：在物理级可通过元件的重复而获得（如相同元件的串、并联，四倍元件等）。

待命储备冗余：系统中共有M+1个模块，其中只有一块处于工作状态，其余M块都处于待命接替状态。一旦工作模块出了故障，立刻切换到一个待命模块，当换上的储备模块发生故障时，又切换到另一储备模块，直到资源枯竭，显然，这种系统必须具有检错和切换的装置。

混合冗余系统：混合冗余系统是堆积冗余和待命储备冗余的结合应用。当堆积冗余中有一个模块发生故障时，立刻将其切除，并代之以无故障待命模块。这种方法可达到较高的可靠性。

上述三种容错基本结构统称“K出自N”结构。该结构中共有N个相同的模块，其中至少有K个是正常的，系统才能正常运行。这种结构能容忍分别出现在$N-K$个模块中的$N-K$个独立的故障，或称其容忍能力是$t=N-K$。

2.软件冗余

软件冗余的基本思想是用多个不同软件执行同一功能，利用软件设计差异来实现容错。

3.信息冗余

信息冗余是利用在数据中外加的一部分信息位，来检测或纠正信息在运算或传输中的错误而达到容错。在通信和计算机系统中，常用的可靠性编码包括奇偶校验码、循环冗余码CRC、汉明码等。

4.时间冗余

时间冗余是通过消耗时间资源来实现容错，其基本思想是重复运算以检测故障。按照重复运算是在指令级还是程序级，可分为指令复执和程序复算。指令复执当指令执行的结果送到目的地址中，如果这时有错误恢复请求信号，则重新执行该指令。程序复算常用程序滚回技术。例如，将机器运行的某一时刻称作检查点，此时检查系统运行的状态是否正确，不论正确与否，都将这一状态存储起来，一旦发现运行故障，就返回到最近一次正确的检查点重新运行。

冗余设计可以是元器件级的冗余设计，也可以是部件级的、分系统级的或系统级的冗余设计。冗余要消耗资源，应当在可靠性与资源消耗之间进行权衡和折中。

（二）容错系统工作过程

容错系统工作过程包括自动侦测（Auto-Detect）、自动切换（Auto-Switch）、自动恢复（Auto-Recovery）。

1.自动侦测

运行中自动地通过专用的冗余侦测线路和软件判断系统运行情况，检测冗余系统各冗余单元是否存在故障（包括硬件单元或软件单元），发现可能的错误和故障，进行判断与分析。确认主机出错后，启动后备系统。

侦测程序需要检查主机硬件（处理器与外设部件）、主机网络、操作系统、数据库、重要应用程序、外部存储子系统（如硬盘阵列）等。

为了保证侦测的正确性，防止错误判断，系统可以设置安全侦测时间、侦测时间间隔、侦测次数等安全系数，通过冗余通信连线，收集并记录这些数据，做出分析处理。数据可信是切换的基础。

2.自动切换

当确认某一主机出错时，正常主机除了保证自身原来的任务继续运行外，将根据各种不同的容错后备模式，接管预先设定的后备作业程序，进行后续程序及服务。

系统的接管工作包括文件系统、数据库、系统环境（操作系统平台）、网络地址和应用程序等。

如果不能确定系统出错，容错监控中心通过与管理者交互，进行有效的处理，决定切换基础、条件、时延、断点。

3.自动恢复

故障主机被替换后要进行故障隔离，离线进行故障修复。修复后通过冗余通信线与正常主机连线，继而将原来的工作程序和硬盘上的数据自动切换回修复完成的主机上。这个自动完成的恢复过程用户可以预先设置，也可以设置为半自动或不恢复。

三、数据备份

数据备份是指将计算机系统中，硬盘上的一部分数据通过恰当的形式转录到可脱机保存的介质（如磁带库、光盘库）上，以便需要时输入计算机系统使用。

数据备份可以防止自然或人为因素使计算机系统中的数据丢失，或由于硬件故障、操作失误、病毒等造成联机数据丢失而带来的损失。它对计算机的安全性、可靠性来说十分重要。

数据备份不仅是数据的保护，其最终目的是为了在系统遇到人为或自然灾难时，能够通过备份内容对系统进行有效的灾难恢复。备份不是单纯的拷贝，管理也是备份重要的组成部分。管理包括备份的可计划性、磁带机的自动化操作、历史记录的保存以及日志记录等。

（一）数据备份策略

按备份的策略可将数据备份分为完全备份（Full Backup）、增量备份（Differentia Backup）和差分备份（Incremental Backup）。

1.完全备份

完全备份是对包括应用程序和数据库等一个备份周期内的数据完全备份。这种备份策略的好处是：当发生数据丢失的灾难时，只要用最近一次的备份数据（即灾难发生前一天的备份数据），就可以恢复丢失的数据。然而它也有不足之处，首先，由于每次都对整个系统进行完全备份，造成备份的数据大量重复。这些重复的数据占用了大量的介质空间，这对用户来说就意味着增加成本。其次，由于需要备份的数据量较大，因此备份所需的时间也就较长。对于那些业务繁忙、备份时间有限的单位来说，选择这种备份策略是不明智的。

2.增量备份

跟完全备份不同，增量备份在做数据备份前会先判断，档案的最后修改时间是否比上次备份的时间来得晚。如果不是，就表示自上次备份后，该档案并没有被更动过，所以这次不需要备份。换句话说，如果修改日期“的确”比上次更动的日期来得晚，那么档案就被更动过，就需要备份。

增量备份常常跟完全备份合用。例如，星期天进行一次完全备份，然后在接下来的六天里只对当天新的或被修改过的数据进行备份。这种备份策略的优点是节省了备份介质空间，缩短了备份时间。但它的缺点在于，当灾难发生时，数据的恢复比较麻烦。例如，系统在星期三的早晨发生故障，丢失了大量的数据，那么现在就要将系统恢复到星期二晚上时的状态。这时系统管理员就要首先找出星期天的那盘完全备份介质（如磁带）进行系统恢复，然后再找出星期一的磁带来恢复星期一的数据，然后找出星期二的磁带来恢复星期二的数据。很明显，这种方式很烦琐。另外，这种备份的可靠性也很差。在这种备份方式下，各盘磁带间的关系就像链子一样，一环套一环，其中任何一盘磁带出了问题都会导致整条链子脱节 。比如在刚才的例子中，若星期二的磁带出了故障，那么管理员最多只能将系统恢复到星期一晚上时的状态。

3.差分备份

差分备份就是每次备份的数据是相对于上一次全备份之后新增加的和修改过的数据。例如，管理员先在星期天进行一次系统完全备份，然后在接下来的几天里，管理员再将当天所有与星期天不同的数据（新的或修改过的）进行备份。差分备份策略在避免了以上两种策略的缺陷的同时，又具有了它们的所有优点。首先，它无须每天都对系统做完全备份，因此备份所需时间短，并节省了备份介质空间。其次，它的灾难恢复也很方便。系统管理员只需两份备份介质，即星期天备份与灾难发生前一天的备份，就可以将系统恢复。

在实际应用中，备份策略通常是以上三种的结合。例如，每周一至周六进行一次增量备份或差分备份，每周日进行完全备份，每月月底进行一次全备份，每年底进行一次全备份。

完全备份所需时间最长，但恢复时间最短，操作最方便，当系统中数据量不大时，适宜采用完全备份；但是随着数据量的增大，可以采用所用时间更少的增量备份或差分备份。各种备份的数据量不同：完全备份>差分备份>增量备份。

（二）数据备份介质存放的位置

按备份介质存放的位置可分为本地备份和异地备份。本地备份是在本地硬盘的特定区域备份文件。异地备份是指备份的数据存放在异地。可以将文件备份到与计算机分离的存储介质，如磁带、硬盘、光盘以及存储卡等介质，以后转移到异地，也可以通过网络直接在异地备份。异地备份的备份信息应尽可能远离当前的信息中心。当数据由于系统或人为误操作造成损坏或丢失后，可及时利用本地备份实现数据恢复；当发生地域性灾难（地震、火灾、机器毁坏等）时，可使用异地备份实现数据及整个系统的灾难恢复。

（三）数据备份和灾难恢复方案

一个完整的数据备份和灾难恢复方案应包括备份硬件、备份软件、备份计划和灾难恢复计划4个部分。

1.备份硬件

备份硬件包括硬盘介质存储、光学介质备份和磁带存储技术。

2.备份软件

备份软件主要分两大类：一是各个操作系统厂商在软件内附带的，如NetWare操作系统的Backup功能、NT操作系统的NTBackup等；二是各个专业厂商提供的全面的专业备份软件，如HP Open View Omni Back Ⅱ 和CA公司的ARCserveIT等。

对于备份软件的选择，不仅要注重使用方便、自动化程度高，还要注重好的扩展性和灵活性。同时，跨平台的网络数据备份软件能满足用户在数据保护、系统恢复和病毒防护方面的支持。一个专业的备份软件配合高性能的备份设备，能够使损坏的系统迅速“起死回生”。

3.备份计划

灾难恢复的先决条件是要做好备份策略及恢复计划。日常备份计划描述每天的备份以什么方式进行、使用什么介质、在什么时间进行以及系统备份方案的具体实施细则。在计划制订完毕后，应严格按照程序进行日常备份，否则将无法达到备份的目的。

4.灾难恢复计划

灾难恢复措施在整个备份中占有相当重要的地位。因为它关系到系统、软件与数据在经历灾难后能否快速、准确地恢复。全盘恢复一般应用在服务器发生意外灾难，导致数据全部丢失、系统崩溃或是有计划的系统升级、系统重组等情况中。

四、双机容错与集群系统

（一）双机容错系统

双机容错系统通过软硬件的紧密配合，将两台独立服务器在网络中表现为单一的系统，提供给客户一套具有单点故障容错能力且性价比优越的用户应用系统运行平台。双机容错技术能够自动检测应用或服务器故障，并可将其在另一台可用的服务器上快速重新启动，而用户只会觉察到瞬间的服务暂停。

双机容错的目的在于保证数据永不丢失和系统永不停机，采用智能型硬盘阵列柜可保证数据永不丢失，采用双机容错软件可保证系统永不停机。它的基本架构分两种模式：双机互备援（Dual Active）模式和双机热备份（Hot Standby）模式。

1.双机热备援模式

所谓双机热备援就是两台主机均为工作机（Primary Server），在正常情况下，两台工作机均为信息系统提供支持，并互相监视对方的运行情况。当一台主机出现异常时，不能支持信息系统正常运行，另一主机则主动接管（Take Over）异常机的工作，继续主持信息的运行，从而保证信息系统能够不间断地运行，而达到不停机的功能（Non–Stop），但正常运行主机的负载0（Loading）会有所增加。此时必须尽快将异常机修复以缩短正常机所接管的工作切换回已被修复的异常机。

2.双机热备份模式

所谓双机热备份就是一台主机为工作机（Primary Server），另一台主机为备份机（Standy Server），在系统正常情况下，工作机为信息系统提供支持，备份机监视工作机的运行情况（工作机也同时监视备份机是否正常，有时备份机因某种原因出现异常，工作机尽早通知系统管理员解决，确保下一次切换的可靠性）。当工作机出现异常，不能支持信息系统运营时，备份机主动接管（Take Over）工作机的工作，继续支持信息的运营，从而保证信息系统能够不间断地运行（Non-Stop）。当工作机经过修复正常后，系统管理员通过管理命令或经由以人工或自动的方式将备份机的工作切换回工作机；也可以激活监视程序，监视备份机的运行情况，此时，原来的备份机就成了工作机，而原来的工作机就成了备份机。

（二）集群系统

通俗地说，集群（Cluster）是这样一种技术：它至少将两个系统连接到一起，使多台服务器能够像一台机器那样工作或者看起来好像一台机器。用户从来不会意识到集群系统底层的节点，在他/她们看来，集群是一个系统，而非多个计算机系统。并且集群系统的管理员可以随意增加和删改集群系统的节点。采用集群系统通常是为了提高系统的稳定性和网络中心的数据处理能力及服务能力。

在集群系统中，所有的计算机都拥有一个共同的名称，集群内任一系统上运行的服务可被所有的网络客户所使用。集群必须可以协调管理各分离组件的错误和失败，并可透明地向集群中加入组件。用户的公共数据被放置到了共享的硬盘柜中，应用程序被安装到了所有的服务器上，也就是说，在集群上运行的应用需要在所有的服务器上安装一遍。当集群系统在正常运转时，应用只在一台服务器上运行，并且只有这台服务器才能操纵该应用在共享硬盘柜上的数据区，其他的服务器监控这台服务器，只要这台服务器上的应用停止运行（无论是硬件损坏、操作系统死机、应用软件故障，还是人为误操作造成的应用停止运行），其他的服务器就会接管这台服务器所运行的应用，并将共享硬盘柜上的相应数据区接管过来。此时其他的服务器将该服务器的应用接管过来。具体接管过程分三步执行：系统接管、加载应用和客户端连接。

集群系统的优势有以下几点：

（1）集群系统可解决所有的服务器硬件故障，当某一台服务器出现任何故障，如硬盘、内存、CPU、主板、I/O板以及电源故障时，运行在这台服务器上的应用就会切换到其他服务器上。

（2）集群系统可解决软件系统问题。在计算机系统中，用户所使用的是应用程序和数据，而应用系统运行在操作系统之上，操作系统又运行在服务器上。这样，只要应用系统、操作系统、服务器三者中的任何一个出现故障，系统实际上就停止了向客户端提供服务，比如我们常见的软件死机，就是这种情况之一，尽管服务器硬件完好，但服务器仍旧不能向客户端提供服务。而集群的最大优势在于对故障服务器的监控是基于应用的，也就是说，只要服务器的应用停止运行，其他的相关服务器就会接管这个应用，而不必理会应用停止运行的原因是什么。

（3）集群系统可以解决人为失误造成的应用系统停止工作的情况，例如，当管理员对某台服务器操作不当导致该服务器停机，因此运行在这台服务器上的应用系统也就停止了运行。由于集群是对应用进行监控，因此其他的相关服务器就会接管这个应用。

集群系统的不足之处在于：集群中的应用只在一台服务器上运行，如果这个应用出现故障，其他的某台服务器会重新启动这个应用，接管位于共享硬盘柜上的数据区，进而使应用重新正常运转。我们知道整个应用的接管过程大体需要三个步骤：侦测并确认故障、后备服务器重新启动该应用、接管共享的数据区。因此在切换的过程中需要花费一定的时间，原则上根据应用的大小不同，切换的时间也会不同，越大的应用切换的时间越长。

第三节　廉价冗余硬盘阵列

廉价冗余硬盘阵列（Redundent Arrayof Inexpensive Disks，RAID）是由美国加州大学伯克利分校的D.A. 帕特森（D.A.Patterson）教授在1988年提出的，也简称为“硬盘阵列”。RAID将一组硬盘驱动器用某种逻辑方式联系起来，作为逻辑上的一个硬盘驱动器来使用。一般情况下，组成的逻辑硬盘驱动器的容量要小于各个硬盘驱动器容量的总和。RAID一般是在SCSI或SATA硬盘接口实现的。

RAID提供了当服务器中接入多个硬盘（专指硬盘）时，以硬盘阵列方式组成一个超大容量、响应速度快、可靠性高的存储子系统。通过使用数据分块和交叉存储两项技术，使CPU实现通过硬件方式对数据的分块控制和对硬盘阵列中数据的并行调度等功能。使用RAID可大大加快硬盘的访问速度，缩短硬盘读写的平均排队与等待时间，并以并行方式在多个硬盘驱动器上工作，被系统视作一个单一的硬盘，以冗余技术增加其可靠性，以多个低成本硬盘构成硬盘子系统，提供比单一硬盘更完备的可靠性和高性能，目前工业界公认的标准是RAID0～RAID6。RAID被广泛地应用在服务器体系中。

一、RAID技术概述

冗余硬盘阵列技术最初的研制目的是组合小的廉价硬盘来代替大的昂贵硬盘，以降低大批量数据存储的费用，同时也希望采用冗余信息的方式，使得硬盘失效时不会使对数据的访问受损失，从而开发出一定水平的数据保护技术，并且能适当地提升数据传输速率。

过去RAID一直是高档服务器才有缘享用，一直作为高档SCSI硬盘配套技术应用。近来随着技术的发展和产品成本的不断下降，IDE硬盘性能有了很大提升，加之RAID芯片的普及，使得RAID也逐渐在个人计算机上得到应用。

（一）RAID技术的特点

RAID技术主要有三个特点：

（1）通过对硬盘上的数据进行条带化，实现对数据成块存取，减少硬盘的机械寻道时间，提高数据存取速度。

（2）通过对一阵列中的几块硬盘同时读取，减少硬盘的机械寻道时间，提高数据存取速度。

（3）通过镜像或者存储奇偶校验信息的方式，实现对数据的冗余保护。

（二）RAID的优点

RAID的优点包括以下几点：

（1）成本低，功耗小，传输速率高。在RAID中，可以让很多硬盘驱动器同时传输数据，而这些硬盘驱动器在逻辑上又是一个硬盘驱动器，所以使用RAID可以达到单个硬盘驱动器几倍、几十倍甚至上百倍的速率。

（2）可以提供容错功能。这是使用RAID的第二个原因，因为普通硬盘驱动器无法提供容错功能，如果不包括写在硬盘上的CRC（循环冗余校验）码的话，RAID的容错是建立在每个硬盘驱动器的硬件容错功能之上的，所以它能提供更高的安全性。

（3）在同样的容量下，RAID与传统的大直径硬盘驱动器相比，价格要低许多。

（三）RAID规范

依据硬盘阵列数据不同的校验方式，RAID技术分为不同的等级。RAID系统有多种模式，RAID 0，1，2，3，4，5，6，10等，每种都有各自的优劣。不论何时有硬盘损坏，都可以随时拔出损坏的硬盘再插入好的硬盘（需要硬件上的热插拔支持），数据不会受损，失效盘的内容可以很快地重建，重建的工作也由RAID硬件或RAID软件来完成。

二、冗余无校验的硬盘阵列（RAID0）

RAID0是最简单的一种形式。RAID0可以把多块硬盘连接在一起形成一个容量更大的存储设备。

RAID0将数据像条带一样写到多个硬盘上，这些条带也叫作“块”。条带化可以同时访问多个硬盘上的数据，平衡I/O负载，加大了数据存储空间并加快了数据访问速度。RAID0是唯一的一个没有冗余功能的RAID技术，但RAID0的实现成本低。如果阵列中有一个盘出现故障，则阵列中的所有数据都会丢失。如要恢复RAID0，只有换掉坏的硬盘，从备份设备中恢复数据到所有的硬盘中。

硬件和软件都可以实现RAID0。实现RAID0最少要用两个硬盘。对系统而言，数据采用分布方式存储在所有的硬盘上，当某一个硬盘出现故障时数据会全部丢失。RAID0能提供很高的硬盘I/O性能，可以通过硬件或软件两种方式实现。

优点：允许多个小区组合成一个大分区，更好地利用硬盘空间，延长硬盘寿命，多个硬盘并行工作，提高读写性能。

缺点：不提供数据保护，任一硬盘失效，数据都可能丢失，且不能自动恢复。

三、镜像硬盘阵列（RAID1）

RAID1和RAID0截然不同，其技术重点全部放在如何能够在不影响性能的情况下最大限度地保证系统的可靠性和可修复性上。RAID1是所有RAID等级中实现成本最高的一种，尽管如此，人们还是选择RAID1来保存那些关键性的重要数据。

RAID1又称为镜像（Mirror或Mirroring），它的宗旨是最大限度地保证用户数据的可用性和可修复性。每一个硬盘都具有一个对应的镜像盘。对任何一个硬盘的数据写入都会被复制镜像盘中；系统可以从一组镜像盘中的任何一个硬盘读取数据。显然，硬盘镜像肯定会提高系统成本。因为我们所能使用的空间只是所有硬盘容量总和的一半。由两块硬盘组成的硬盘镜像，其中可以作为存储空间使用的仅为一块硬盘。当读取数据时，系统先从RAID1的源盘读取数据，如果读取数据成功，则系统不去管备份盘上的数据；如果读取源盘数据失败，则系统自动转而读取备份盘上的数据，不会造成用户工作任务的中断。

RAID1下，任何一块硬盘的故障都不会影响到系统的正常运行，而且只要能够保证任何一对镜像盘中至少有一块硬盘可以使用，RAID1甚至可以在一半数量的硬盘出现问题时还能不间断地工作。当一块硬盘失效时，系统会忽略该硬盘，转而使用剩余的镜像盘读写数据。

通常，把出现硬盘故障的RAID系统称为在降级模式下运行。虽然这时保存的数据仍然可以继续使用，但是RAID系统将不再可靠。如果剩余的镜像盘也出现问题，那么整个系统就会崩溃。因此，应当及时更换损坏的硬盘，避免出现新的问题。

更换新盘之后，原有好盘中的数据必须被复制到新盘中。这一操作被称为同步镜像。同步镜像一般都需要很长时间，尤其是当损害的硬盘容量很大时更是如此。在同步镜像的进行过程中，外界对数据的访问不会受到影响，但是由于复制数据需要占用一部分的带宽，所以可能会使整个系统的性能有所下降。

优点：由于对存储的数据进行100%的备份，在所有RAID级别中，RAID1提供最高的数据安全保障。具有的高数据安全性，使其尤其适用于存放重要数据，如服务器和数据库存储等领域。

缺点：硬盘空间利用率低，不能提高存储性能，存储成本高。

四、RAID0+1

RAID0+1也称为RAID10，是硬盘分段及镜像的结合，结合了RAID0及RAID1最佳的优点。它采用的就是两组RAID0的硬盘阵列互为镜像，也就是它们之间又成为一个RAID1的阵列。在每次写入数据时，硬盘阵列控制器会将数据同时写入两组“大容量阵列硬盘组”（RAID0）中。虽然其硬盘使用率只有50%，但它却是具有最高效率的划分方式。

此类型的组态提供最佳的速度及可靠度。不过需要两倍的硬盘驱动器数目作为一个RAID0，每一端的半数作为镜像用。在执行RAID0+1时至少需要4个硬盘驱动器，所以可以说RAID0+1的“安全性”和“高性能”是通过高成本来换取的。

以4个硬盘组成的RAID0+1为例，RAID0+1是存储性能和数据安全兼顾的方案。它在提供与RAID1一样的数据安全保障的同时，也提供了与RAID0近似的存储性能。

由于RAID0+1也通过数据的100%备份功能提供数据安全保障，因此RAID0+1的硬盘空间利用率与RAID1相同，存储成本高。

RAID0+1的特点使其特别适用于既有大量数据需要存取，同时又对数据安全性要求严格的领域，如银行、金融、商业超市、仓储库房、各种档案管理等。

RAID0+1至少需要4块驱动器，并且要求驱动器的数量为偶数，最大容量为硬盘数硬盘容量/2。

优点：RAID0+1阵列从理论上来说，能够经受住RAID0阵列中任何一块硬盘的故障，因为该硬盘上所有的数据都被备份在RAID1阵列中。在绝大部分情况下，如果两块硬盘出现故障就会影响整个阵列，因为很多RAID控制器会在RAID阵列中的某一块硬盘出现故障之后让RAID0镜像离线（毕竟，RAID0阵列不提供任何冗余），因此只有剩下的RAID0阵列在工作，这样系统就没有冗余了。简而言之，如果每个RAID0阵列中都有一块硬盘出现故障，那么整个硬盘阵列就不能工作了。这种模式提供了非常好的顺序或任意读写的性能。

缺点：只能使用硬盘阵列总体存储容量的50%。容错性不如RAID10。对于绝大部分控制器来说，这种模式能够应对一块硬盘出现故障的情况。扩展方面受到限制，而且扩展的费用很高。RAID0+1结合了RAID0的性能和RAID1的可靠性。它不是成对地组织硬盘，而是把按照RAID0方式产生的硬盘组全部映像到另一备份硬盘组中。

五、并行海明纠错阵列（RAID2）

RAID2是早期为了能进行即时的数据校验而采用海明码研制的一种技术（这在当时的RAID0、RAID1等级中是无法做到的），由于海明码是以位为基础进行校验的，那么在RAID2中，一个硬盘在一个时间只存取一位的信息。数据阵列中的每个硬盘一次只存储一个位的数据。同理，校验阵列则是存储相应的海明码，也是一位一个硬盘。所以RAID2中的硬盘数量取决于所设定的数据存储宽度。如果是4位的数据宽度（这由用户决定），那么就需要4个数据硬盘和3个海明码校验硬盘。

在写入时，RAID2在写入数据位的同时还要计算出它们的海明码并写入校验阵列，读取时也要对数据即时地进行校验，最后再发向系统。由于海明码只能纠正一个位的错误，所以RAID2也只能允许一个硬盘出问题，如果两个或以上的硬盘出问题，RAID2的数据就将受到破坏。但由于数据是以位为单位并行传输，所以传输速率也相当快。

优点：即时数据校验，容错性能较好，有较高的读取传输速率。

缺点：系统成本极高，校验占用较大的数据，效率不高。

六、奇偶校验并行位交错阵列（RAID3）

RAID3采用的是一种较为简单的校验实现方式，使用一个专门的硬盘存放所有的校验数据，而在剩余的硬盘中创建带区集分散数据的读写操作。例如，在一个由5块硬盘构成的RAID3系统中，4块硬盘将被用来保存数据，第5块硬盘则专门用于校验。这种配置方式可以用4+1的形式表示。

第5块硬盘中的每一个校验块所包含的都是其他4块硬盘中对应数据块的校验信息。RAID3的成功之处就在于不仅可以像RAID1那样提供容错功能，而且整体开销从RAID1的50%下降为20%（RAID4+1）。随着所使用硬盘数量的增多，成本开销会越来越小。举例来说，如果使用7块硬盘，那么总开销就会降到12.5%（1/7）。

在不同情况下，RAID3读写操作的复杂程度不同。最简单的情况就是从一个完好的RAID3系统中读取数据。这时，只需要在数据存储盘中找到相应的数据块进行读取操作即可，不会增加任何额外的系统开销。

当向RAID3写入数据时，情况会变得复杂一些。即使只是向一个硬盘写入一个数据块，也必须计算与该数据块同处一个带区的所有数据块的校验值，并将新值重新写入到校验块中。当向B写入数据块F时，必须重新计算所有4个同一行的数据块（E、F、G、H）的校验值，然后重写位于第5块硬盘的校验块PE,F,G,H。由此可以看出，一个写入操作事实上包含了数据读取（读取带区中的关联数据块）、校验值计算、数据块写入和校验块写入4个过程。系统开销大大增加。

可以通过适当设置带区的大小使RAID系统得到简化。如果某个写入操作的长度恰好等于一个完整带区的大小（全带区写入），那么就不必再读取带区中的关联数据块计算校验值。只需要计算整个带区的校验值，然后直接把数据和校验信息写入数据盘和校验盘即可。

到目前为止，我们所探讨的都是正常运行状况下的数据读写。下面再来看一下当硬盘出现故障时，RAID3系统在降级模式下的运行情况。

RAID3虽然具有容错能力，但是系统会受到影响。当一块硬盘失效时，该硬盘上的所有数据块必须使用校验信息重新建立。如果是从好盘中读取数据块，则不会有任何变化。但是如果所要读取的数据块正好位于已经损坏的硬盘，就必须同时读取同一带区中的所有其他数据块，并根据校验值重建丢失的数据。

由于RAID3不管是向哪一个数据盘写入数据，都需要同时重写校验盘中的相关信息。因此，校验盘的负载将会很大，很容易成为整个系统的瓶颈，从而导致整个RAID系统性能的下降，这也是RAID3很少被人们采用的原因。

优点：相对较高的读取传输速率，高效率的校验操作。

缺点：控制器设计复杂，写入传输速率低。

七、独立的数据硬盘与共享的校验硬盘（RAID4）

RAID4和RAID3很相似，不同的是RAID4对数据的访问是按数据块进行的，也就是按硬盘进行的，每次是一个盘。RAID3是一次一横条，而RAID4是一次一竖条。所以RAID3常须访问阵列中所有的硬盘驱动器，而RAID4只须访问有用的硬盘驱动器。这样读数据的速度大大提高了，但在写数据方面，需将从数据硬盘驱动器和校验硬盘驱动器中恢复出的旧数据与新数据通过异或运算，然后再将更新后的数据和检验位写入硬盘驱动器，所以处理时间较RAID3长。

优点：非常高的数据传输效率，硬盘损坏对传输影响较小，具有很高的校验效率。

缺点：控制器设计复杂，校验盘的负载大。

八、循环奇偶校验阵列（RAID5）

RAID5是目前应用最广泛的RAID技术。各块独立硬盘进行条带化分割，相同的条带区进行奇偶校验（异或运算），校验数据平均分布在每块硬盘上。以n块硬盘构建的RAID5阵列可以有n-1块硬盘的容量，存储空间利用率非常高。任何一块硬盘上的数据丢失，均可以通过校验数据推算出来。它和RAID3最大的区别在于校验数据是否平均分布到各块硬盘上。RAID5具有数据安全、读写速度快、空间利用率高等优点，应用非常广泛，但不足之处是如果一块硬盘出现故障以后，整个系统的性能将大大降低。

优点：校验分布在多个硬盘中，写操作可以同时处理。为读操作提供了最优的性能。一个硬盘失效，分布在其他盘上的信息足够完成数据重建。

缺点：数据重建会降低读性能；每次计算校验信息，写操作开销会增大，是一般存储操作时间的3倍。

九、独立的数据硬盘与两个独立分布式校验方案（RAID6）

RAID6全称是Independent Datadisks with Two Independent Distributed Parity Schemes（带有两个独立分布式校验方案的独立数据硬盘）。这种RAID级别是在RAID5的基础上发展

而成，因此它的工作模式与RAID5有异曲同工之妙。不同的是，RAID5将校验码写入一个驱动器里面，而RAID6将校验码写入到两个驱动器里面，这样就增强了硬盘的容错能力，同时RAID6阵列中允许出现故障的硬盘也就达到了两个，但相应的阵列硬盘数量最少也要4个。每个硬盘中都具有两个校验值，而RAID5里面只能为每一个硬盘提供一个校验值，由于校验值的使用可以达到恢复数据的目的，因此如果多增加一位校验位，数据恢复的能力就更强。不过在增加一位校验位后，需要一个比较复杂的控制器来进行控制，同时也使硬盘的写能力降低，并且还需要占用一定的硬盘空间。因此，这种RAID级别应用还比较少，相信随着RAID6技术的不断完善，RAID6将得到广泛应用。RAID6的硬盘数量为N+2个。

第三章　计算机病毒防治及恶意软件的防范

本章主要内容是计算机病毒及恶意软件的相关知识，包括计算机病毒分析，如何进行计算机病毒的检测、清除和预防，恶意软件的定义和包含种类（陷门、逻辑炸弹、特洛伊木马、蠕虫等），详细介绍了计算机病毒防治的基本手段和常用方法，并对计算机病毒的预防和计算机系统的修复，以及典型计算机病毒和恶意软件的工作机理做了细致的分析。

第一节　什么是计算机病毒和恶意软件

随着20世纪80年代个人计算机的出现，计算机已经由最初的用于科研运算逐步发展到现在的每个家庭、每个办公桌面必备的工具。它给人们的工作、学习与生活带来了前所未有的方便与快捷。特别是因特网（Internet）的发展，更将计算机技术的应用带到了一个空前的境界，在这个无边界的空间，人们的信息交流突破了地域的限制，更加充分地享受了科技给人类带来的进步。然而，计算机病毒、木马、蠕虫等有害程序也如幽灵一般纷至沓来，令人防不胜防，越来越严重地威胁到人们对计算机的使用。病毒、蠕虫和特洛伊木马都是人为编制出的恶意代码，都会对用户造成危害，由于大多数防计算机病毒软件将木马、蠕虫等恶意程序的防治也包括在内，人们往往将它们统称作病毒，但其实这种称法并不准确，它们之间虽然有着共性，但也有着很大的差别。那么，究竟什么是病毒、蠕虫、木马？它们之间又有什么区别？如何防治它们？这些都是每个使用计算机的人所必须掌握的知识。

计算机病毒的定义一直存在着争议，不少人包括世界各国的反病毒厂商都将木马、蠕虫等恶意软件也归在计算机病毒之列查杀。《中华人民共和国计算机信息系统安全保护条例》第二十八条明确指出："计算机病毒是指编制或者在计算机程序中插入的破坏计算机功能或者毁坏数据，影响计算机使用，并能自我复制的一组计算机指令或者程序代码。通俗简单地讲，计算机病毒就是一种人为编制的可以自我复制的破坏程序。"编写和传播病毒都是违法行为，都将受到法律的制裁。

但是，从计算机病毒的定义来看，无法涵盖木马、蠕虫等恶意程序。术语"恶意软件"用作一个集合名词，是指故意在计算机系统上执行恶意任务的病毒、蠕虫和特洛伊木马。网络用户在浏览一些恶意网站，或者从不安全的站点下载游戏或其他程序时，往往会连同恶意程序一并带入自己的计算机，而用户本人对此丝毫不知情，直到有恶意广告不断弹出或色情网站自动出现时，用户才有可能发觉已"中毒"。在恶意软件未被发现的这段时间，用户网上的所有敏感资料都有可能被盗走，比如银行账户信息、信用卡密码等。这些让受害者的计算机不断弹出色情网站或者恶意广告的程序就叫作恶意软件。

第二节　计算机病毒防治

随着计算机技术的发展，计算机病毒制造技术也在不断地发展变化，并且随着国际互联网日新月异的蓬勃发展，计算机病毒的传播方式也有了很大变化。目前流行的大部分病毒都利用了计算机网络的技术进行传播、破坏，使用户防不胜防，严重威胁着计算机信息系统和网络的安全。

计算机病毒是一个社会性的问题，仅靠信息安全厂商研发的安全产品而没有全社会的配合，是无法有效地建立信息安全体系的。因此，具备计算机病毒防治的基础知识，增强对病毒的防范意识，并配合适当的反病毒工具，才能真正地做到防患于未然。

一、计算机病毒的基础知识及发展简史

（一）历史的预见

20世纪60年代初，美国贝尔实验室的三个年轻程序员编写了一个名为“磁芯大战”的游戏，游戏中的一方通过复制自身来摆脱对方的控制，这就是所谓的“计算机病毒的第一个雏形”。

1977年夏天，托马斯·捷·瑞安（Thomas J.Ryan）的科幻小说《P-1的春天》（The Adolescence of P-1）成为美国的畅销书，作者在这本书中描写了一种可以在计算机中互相传染的病毒，并第一次称之为“计算机病毒”。书中描写了病毒最后控制了7000台计算机，造成了一场灾难。

（二）第一个计算机病毒在实验室产生

1983年11月3日，弗雷德·科恩（Fred Cohen）博士研制出一种在运行过程中可以复制自身的破坏性程序（该程序能够导致UNIX系统死机），伦·艾德勒曼（Len Adleman）将它命名为计算机病毒（Computer Viruses），并在每周一次的计算机安全讨论会上正式提出。

（三）第一个在微机发作的病毒

1986年初，在巴基斯坦的拉合尔（Lahore）、巴锡特（Basit）和阿姆杰德（Amjad）两兄弟经营着一家IBM-PC及其兼容机的小商店。由于当地的盗版猖獗，为了保护自己开发的软件，他们编写了Pakistan病毒，即Brain。只要是盗拷他们的软件就会感染这只病毒。该病毒在一年内流传到了世界各地，是世界上公认的第一个在个人计算机上广泛流行

的病毒。

（四）震惊世界的“蠕虫-莫里斯”

1988年，还在康奈尔大学读研究生的莫里斯发布了史上首个通过互联网传播的蠕虫病毒。莫里斯称，他创造蠕虫病毒的初衷是为了搞清当时的互联网内到底有多少台计算机。可是，这个试验显然脱离了他的控制，1988年11月2日下午5点，互联网的管理人员首次发现网络有不明入侵者。当晚，从美国东海岸到西海岸，互联网用户陷入一片恐慌。“蠕虫”病毒以闪电般的速度迅速自行复制，大量繁殖，不到10小时就从美国东海岸横窜到西海岸，使众多的美国军用计算机网络深受其害，直接经济损失上亿美元。这个蠕虫病毒对当时的互联网几乎构成了一次毁灭性攻击。莫里斯最后被判处3年缓刑，400小时的社区服务和10 500美元的罚金。他也是根据美国1986年制定的“电脑欺诈滥用法案”被宣判的第一人。

（五）最具有杀伤力的计算机病毒——CIH病毒

CIH病毒，因其发作时间是4月26日，凑巧与苏联核电站事故在同一天，所以国外给这种破坏力极强的病毒起了个别名“切尔诺贝利”。CIH病毒发作时硬盘数据、硬盘主引导记录、系统引导扇区、文件分配表被覆盖，造成硬盘数据特别是C盘数据丢失，并破坏部分类型主板上的Flash BIOS，从而导致计算机无法使用，是一种既破坏软件又破坏硬件的恶性病毒。

CIH病毒是由台湾大学生陈盈豪编制的，1998年5月间，陈盈豪就读大同大学资讯工程学系四年级时，为能验证防毒软件号称百分百防毒是不实广告，自行实验制作CIH病毒，在他不知情的状况下，他的同学使用了实验用计算机，而将此病毒携出，由于病毒体积小，会自行改变程序代码分布，潜藏在档案未使用的空白区，而档案大小不会改变，因此不易被察觉而大量被散布。1999年4月26日、2000年4月26日该病毒发作，造成全球计算机的严重损害，据报道有6000万台计算机瘫痪，其中韩国损失最为严重，共有30万台计算机中毒，占全国计算机总数的15%以上，损失更是高达两亿韩元以上。土耳其、孟加拉国、新加坡、马来西亚、俄罗斯、中国的计算机均惨遭CIH病毒的袭击。

（六）熊猫烧香——中国首次依据法律对病毒作者宣判有罪

熊猫烧香在2006年底开始大规模爆发，是一个感染型的蠕虫病毒，它能感染系统中exe、com、pif、src、html、asp等文件，它还能中止大量的反病毒软件进程，并且会删除扩展名为.gho的文件（.gho为GHOST的备份文件），使用户的系统备份文件丢失。

被感染的用户系统中所有.exe可执行文件全部被改成熊猫举着三根香的模样。

熊猫烧香作者李俊被捕入狱，引发了两方面的问题和影响。一方面，由李俊揭发的中国地下黑色产业首次曝光，让人们看到了病毒带来的巨大经济产业链；另一方面，这是中国计算机信息安全历史上首次依据法律明文对病毒作者宣判有罪。

（七）鬼影病毒

鬼影病毒是当之无愧的2012年度毒王，它主要依靠带毒游戏外挂或色播传播，2012年内出现数个变种：包括鬼影5、鬼影6、鬼影6变种(CF三尸蛊)等，它和杀毒软件的技术对抗也达到了一个新的高度。主流的杀毒软件均能防御鬼影病毒，经常下载使用带毒游戏外挂的电脑用户是感染鬼影病毒的高危群体。至2016年，鬼影病毒又多次出现不同的变种，使其具有更大威胁，同时，也刺激了杀毒软件的更新换代。

二、计算机病毒的发展阶段

（一）DOS时代的病毒

DOS时代的病毒主要是运行在早期DOS操作系统上的病毒，是病毒的初期阶段，主要包括：感染DOS系统引导扇区的引导型病毒，如巴基斯坦智囊、小球、石头、硬盘杀手等病毒；感染执行文件.exe、.com的文件型病毒，如著名的黑色星期五（耶路撒冷）等。这个时期的病毒代码并不复杂，只要具备汇编语言及DOS知识就可分析病毒代码，轻易改写病毒的程序，把一种病毒创造出更多元化的面貌，让人防不胜防！而病毒发作的症状更是各式各样，有的会唱歌、有的会删除文件、有的会格式化硬盘、有的还会在屏幕上显出各式各样的图形与音效。

（二）伴随，批次型阶段

1992年，伴随型病毒出现，它们利用DOS加载文件的优先顺序进行工作。具有代表性的是“金蝉”病毒，它感染EXE文件时生成一个和EXE同名的、扩展名为.com的伴随体；它感染COM文件时，将原来的COM文件改为同名的EXE文件，再产生一个原名的伴随体，文件扩展名为.com。这样，在DOS加载文件时，病毒就取得控制权。这类病毒的特点是不改变原来的文件内容、日期及属性，解除病毒时只要将其伴随体删除即可。在非DOS操作系统中，一些伴随型病毒利用操作系统的描述语言进行工作，具有典型代表的是“海盗旗”病毒，它在得到执行时，询问用户名称和口令，然后返回一个出错信息，将自身删除。批次型病毒是工作在DOS下的和“海盗旗”病毒类似的一类病毒。

（三）幽灵，多形阶段

1994年，随着汇编语言的发展，实现同一功能可以用不同的方式完成，这些方式的组合使一段看似随机的代码产生相同的运算结果。幽灵病毒就是利用这个特点，每感染一次就产生不同的代码。例如“一半”病毒就是产生一段有上亿种可能的解码运算程序，病毒体被隐藏在解码前的数据中，查解这类病毒就必须能对这段数据进行解码，加大了查毒的难度。多形型病毒是一种综合性病毒，它既能感染引导区又能感染程序区，多数具有解码算法，一种病毒往往要两段以上的子程序方能解除。

（四）生成器，变体机阶段

1995年，在汇编语言中，一些数据的运算放在不同的通用寄存器中，可运算出同样的结果，随机地插入一些空操作和无关指令，也不影响运算的结果，这样，一段解码算法就可以由生成器生成。当生成的是病毒时，这种复杂的病毒生成器和变体机就产生了。具有典型代表的是VCL（Virus Creation Lab，病毒制造实验室），它可以在瞬间制造出成千上万种不同的病毒，查解时就不能使用传统的特征识别法，需要在宏观上分析指令，解码后查解病毒。变体机就是增加解码复杂程度的指令生成机制。

（五）Windows阶段

1996年，随着Windows和Windows 95的日益普及，利用Windows进行工作的病毒开始发展，它们修改（NE，PE）文件，典型的代表是DS.3873，这类病毒机制更为复杂，它们利用保护模式和API调用接口工作，解除方法也比较复杂。

（六）宏病毒阶段

1996年，随着Word功能的增强，使用Word宏语言也可以编制病毒。这种病毒使用类Basic语言，编写容易，感染Word文档文件。在Excel和AmiPro出现的相同工作机制的病毒也归为此类。由于Word文档格式没有公开，这类病毒查解比较困难。

（七）互联网阶段

1997年以后，随着Internet的发展，各种病毒也开始利用Internet进行传播，一些携带病毒的数据包和邮件越来越多，如果不小心打开了这些邮件，机器就有可能中毒。

截至2017年，计算机病毒的最新发展趋势主要可以归结为以下几点：

（1）病毒在演化。任何程序和病毒都一样，不可能十全十美，所以一些人还在修改以前的病毒，使其功能更完善，病毒在不断演化，使杀毒软件更难检测。

（2）千奇百怪病毒出现。现在操作系统很多，因此，病毒也瞄准了很多其他平台，不再仅仅局限于Microsoft Windows平台了。

（3）越来越隐蔽。一些新病毒变得越来越隐蔽，同时新型计算机病毒也越来越多，更多的病毒采用复杂的密码技术，在感染宿主程序时，病毒用随机的算法对病毒程序加密，然后放入宿主程序中，由于随机数算法的结果多达天文数字，所以，放入宿主程序中的病毒程序每次都不相同。这样，同一种病毒具有多种形态，每一次感染，病毒的面貌都不相同，犹如一个人能够“变脸”一样，检测和杀除这种病毒非常困难。同时，制造病毒和查杀病毒永远是一对矛盾，既然杀毒软件是杀病毒的，就有人在搞专门破坏杀病毒软件的病毒，一是可以避过杀病毒软件，二是可以修改杀病毒软件，使其杀毒功能改变。因此，反病毒还需要很多专家的努力！

三、计算机病毒的分类

按照计算机病毒的特点及特性，计算机病毒的分类方法有许多种。因此，同一种病毒可能有多种不同的分法。目前常见的病毒分类方法如下。

（一）按传染方式分类

按传染方式可将病毒分为引导型病毒、可执行文件型病毒、宏病毒和混合型病毒。

1.引导型病毒

硬盘引导区传染的病毒主要是用病毒的全部或部分逻辑取代正常的引导记录，而将正常的引导记录隐藏在硬盘的其他地方。由于引导区是硬盘能正常使用的先决条件，因此，这种病毒在运行的一开始（如系统启动）就能获得控制权，其传染性较大。由于在硬盘的引导区内存储着需要使用的重要信息，如果对硬盘上被移走的正常引导记录不进行保护，则在运行过程中就会导致引导记录的破坏。引导区传染的计算机病毒主要流行在早期的DOS时代，巴基斯坦智囊、大麻和小球病毒就是这类病毒。

2.可执行文件型病毒

可执行文件型病毒主要是感染可执行文件（对于DOS或Windows来说是感染.com和.exe等可执行文件）。被感染的可执行文件在执行的同时，病毒被加载并向其他正常的可执行文件传染。像在我国流行的黑色星期五、DIR Ⅱ和感染Windows 95/98操作系统的CIH、HPS、Murburg，以及感染NT操作系统的Infis、RE等病毒都属此列。

3.宏病毒

宏病毒是利用宏语言编制的病毒，与前两种病毒存在很大的区别。宏病毒充分利用其强大的系统调用功能，实现某些涉及系统底层操作的破坏。宏病毒仅向Word、Excel和Access、PowerPoint、Project等办公自动化程序编制的文档进行传染，而不会传染给可执行文件。在我国流行的宏病毒有：TaiWan1、Concept、Simple2、ethan等。

4.混合型病毒

混合型病毒是以上几种病毒的混合。混合型病毒的目的是为了综合利用以上3种病毒的传染渠道进行破坏。在我国流行的混合型病毒有：One_half、Casper、Natas、Flip等。

（二）按寄生方式分类

按寄生方式可将病毒分为源码型病毒、嵌入型病毒、外壳型病毒和操作系统型病毒。

1.源码型病毒

源码型病毒攻击高级语言编写的程序，该病毒在高级语言所编写的程序编译前插入到原程序中，经编译成为合法程序的一部分。

2.嵌入型病毒

嵌入型病毒是将自身嵌入到现有程序中，把计算机病毒的主体程序与其攻击的对象以插入的方式链接。这种计算机病毒是难以编写的，一旦侵入程序体后也较难消除。如果同时采用多态性病毒技术、超级病毒技术和隐蔽性病毒技术，将给当前的反病毒技术带来严峻的挑战。

3.外壳型病毒

外壳型病毒将其自身包围在主程序的四周，对原来的程序不做修改。这种病毒最为常见，易于编写，也易于发现，一般测试文件的大小即可知。

4.操作系统型病毒

操作系统型病毒用它自己的程序意图加入或取代部分操作系统进行工作，具有很强的破坏力，可以导致整个系统的瘫痪。圆点病毒和大麻病毒就是典型的操作系统型病毒。

（三）按破坏性分类

按破坏性可将病毒分为良性病毒和恶性病毒。计算机病毒的破坏情况可分两类，一旦计算机遭病毒入侵后，不会对系统的数据造成无法恢复破坏的病毒一般称为良性病毒；会使数据丢失且不能恢复的病毒则称恶性病毒。

1.良性病毒

良性病毒是指那些只是为了表现自身，并不彻底破坏系统和数据，但会大量占用CPU时间，增加系统开销，降低系统工作效率的一类计算机病毒。这种病毒多数是恶作剧者的产物，他们的目的不是为了破坏系统和数据，而是为了让使用染有病毒的计算机用户通过显示器或扬声器看到或听到病毒设计者的编程技术。这类病毒有小球病毒、1575/1591病毒、扬基病毒、Dabi病毒等。良性病毒取得系统控制权后，会导致整个系统和应用程序争抢CPU的控制权，时时导致整个系统死锁，给正常操作带来麻烦。有时系统内还会出现几种病毒交叉感染的现象，一个文件不停地反复被几种病毒所感染。例如，原来只有10KB存储空间，但整个计算机系统由于多种病毒寄生于其中而无法正常工作，因此也不能轻视所谓良性病毒对计算机系统造成的损害。

2.恶性病毒

恶性病毒就是指在其代码中包含有损伤和破坏计算机系统的操作，在其传染或发作时会对系统产生直接的破坏作用，造成的损失是无法挽回的。有的病毒还会对硬盘做格式化等破坏。这些操作代码都是刻意编写进病毒的，这是其本性之一。因此这类恶性病毒是很危险的，应当注意防范。所幸防病毒系统可以通过监控系统内的这类异常动作识别出计算机病毒的存在与否，或至少发出警报提醒用户注意。

（四）按传播媒介分类

按计算机病毒的传播媒介，可将病毒分为单机病毒和网络病毒。

1.单机病毒

单机病毒的载体是硬盘，常见的是病毒从移动存储设备（软盘、优盘）传入硬盘，感染系统，然后再传染其他移动存储设备。

2.网络病毒

网络病毒的传播媒介不再是移动式载体，而是网络通道，这种病毒的传染能力更强，破坏力更大。

四、计算机病毒的特征

（一）计算机病毒的程序性

计算机病毒与其他合法程序一样，是一段可执行程序，但它不是一个完整的程序，而是寄生在其他可执行程序上，因此计算机病毒具有正常程序的一切特性：可存储性、可执行性。它隐藏在合法的程序或数据中，当用户运行正常程序时，病毒伺机窃取系统的控制权，得以抢先运行，然而此时用户还认为在执行正常程序。

（二）计算机病毒的传染性

传染性是病毒的基本特征。在生物界，病毒通过传染从一个生物体扩散到另一个生物体。在适当的条件下，它可得到大量繁殖，并使被感染的生物体表现出病症甚至死亡。正常的计算机程序一般是不会将自身的代码强行连接到其他程序之上的，而病毒程序却能使自身的代码强行传染到一切符合其传染条件的未受到传染的程序之上。

传染性是计算机病毒最重要的特征，是判断一段程序代码是否为计算机病毒的依据。病毒程序一旦侵入计算机系统就开始搜索可以传染的程序或者磁介质，然后通过自我复制迅速传播。由于目前计算机网络日益发达，计算机病毒可以在极短的时间内，通过像Internet这样的网络传遍世界。

（三）计算机病毒的潜伏性

通常计算机病毒程序进入系统之后不会马上发作，可以在几周、几个月甚至几年内隐藏在合法文件中对其他系统进行传染而不被人发现，潜伏性越好，其在系统中的存在时间就会越长，病毒的传染范围就会越大。

（四）计算机病毒的表现性和破坏性

无论何种病毒程序，一旦侵入系统都会对操作系统的运行造成不同程度的影响，即使不直接产生破坏作用的病毒程序也要占用系统资源（如占用内存空间，占用硬盘存储空间以及系统运行时间等）。而绝大多数病毒程序要显示一些文字或图像，影响系统的正常运行，还有一些病毒程序删除文件，加密硬盘中的数据，甚至摧毁整个系统和数据，使之无法恢复，造成无可挽回的损失。因此，病毒程序的副作用轻者降低系统工作效率，重者导致系统崩溃、数据丢失。病毒程序的表现性或破坏性体现了病毒设计者的真正意图。

（五）计算机病毒的可触发性

计算机病毒一般都有一个或者几个触发条件。满足其触发条件或者激活病毒的传染机制，使之进行传染；或者激活病毒的表现部分或破坏部分。触发的实质是一种条件的控制，病毒程序可以依据设计者的要求，在一定条件下实施攻击。这个条件可以是敲入特定字符、使用特定文件、某个特定日期或特定时刻，或者是病毒内置的计数器达到一定次数等。

五、计算机病毒的组成与工作机理

计算机病毒实际上是一种特殊的程序，其组成和工作机理与一般的程序没有本质上的区别。所不同的是，病毒程序不像一般程序那样以单独文件形式存放在硬盘上，而必须将自身寄生在其他程序上。就目前出现的各种计算机病毒来看，其寄生对象有两种，一种是寄生在硬盘引导扇区，另一种是寄生在文件中（通常是可执行文件）。当运行宿主程序时，通常病毒首先被执行并常驻内存，病毒进入活动状态（动态）并常驻内存。此时，病毒可以随时传播给其他程序，当满足触发条件时，病毒的破坏模块开始工作，开始破坏或干扰正常运行系统。

计算机病毒一般由三部分组成：初始化部分、传染部分、破坏和表现部分。其中传染部分包括激活传染条件的判断部分和传染功能的实施部分，而破坏和表现部分则由病毒触发条件判断部分和破坏表现功能的实施部分组成。

（一）病毒的初始化（引导）部分

当运行带病毒的程序（宿主程序）时，随着病毒宿主程序进入内存，通常首先执行的是程序中病毒的初始化部分。病毒初始化部分的主要功能是完成病毒程序的安装，使其永久驻留内存并修改系统的某些设置（通常是中端调用服务地址），使其随时可以取得系统控制权以将病毒传播给其他程序。病毒的初始化过程根据病毒的寄生方式可分为两类。一类是随着操作系统引导过程装入内存，另一类是随着感染病毒的程序运行驻留内存。

1.通过系统引导过程完成病毒安装（初始化）

引导型病毒是利用操作系统的引导模块放在某个固定的位置（通常是硬盘的0号盘面0磁道1扇区），并且控制权的转交方式是以物理位置为依据，而不是以操作系统引导区的内容为依据，因而病毒占据该物理位置即可获得控制权，而将真正的引导区内容搬家转移或替换，待病毒程序执行后，将控制权交给真正的引导区内容，使得这个带病毒的系统看似正常运转，而病毒已隐藏在系统中并伺机传染、发作。

引导型病毒按其寄生对象的不同又可分为两类，即MBR（主引导区）病毒和BR（引导区）病毒。MBR病毒也称为分区病毒，将病毒寄生在硬盘分区主引导程序所占据的硬盘0头0柱面第1个扇区中。典型的MBR病毒有大麻、2708、INT60病毒等。BR病毒是将病毒寄生在硬盘逻辑0扇或软盘逻辑0扇（即0面0道第1个扇区）。典型的BR病毒有Brain、小球病毒等。

引导型病毒是在安装操作系统之前进入内存的，寄生对象又相对固定，因此，该类型病毒基本上不得不采用减少操作系统所掌管的内存容量方法来驻留内存高端，而正常的系统引导过程一般是不减少系统内存的。

引导型病毒需要把病毒传染给软盘，一般是通过修改int 13H的中断向量，而新int 13H中断向量段址必定指向内存高端的病毒程序。

引导型病毒感染硬盘时，必定驻留在硬盘的主引导扇区或引导扇区，并且只驻留一次，因此引导型病毒一般都是在软盘启动过程中把病毒传染给硬盘，而正常的引导过程一般不对硬盘主引导区或引导区进行写盘操作。

引导型病毒的寄生对象相对固定，把当前的系统主引导扇区和引导扇区与干净的主引导扇区和引导扇区进行比较，如果内容不一致，则可认定系统引导区异常。

将引导型病毒注入的系统前后的开机程序作横向比较，就能清楚地获知什么是引导型病毒。

硬盘中毒前的正常开机程序为：开机→执行BIOS→自我测试POST→填入中断向量表→硬盘分区表（Partition Table）→启动扇区（Boot Sector）→IO.SYS→MSDOS.SYS→COMMAND.COM。

硬盘中毒之后的开机程序为：开机→执行BIOS→自我测试POST→填入中断向量表→硬盘分割表（Partition Table）→开机型病毒→启动扇区（Boot Sector）→IO.SYS→MSDOS.SYS。

2.随着感染病毒的程序运行驻留内存

这类病毒主要是文件型病毒，一个感染病毒的可执行文件（.com或.exe），通常当执行一个感染病毒的程序时，首先执行的是程序中的病毒初始部分，病毒程序首先完成自身的安装，基本过程是：首先将病毒程序移动到用户程序空间的开始端，然后调用操作系统的程序驻留命令，将这部分病毒程序永久驻留内存，同时修改操作系统调用中断向量INT 21H使其指向已驻留的病毒体。完成病毒自身安装后，由于原程序（正常程序）已被覆盖，这时病毒程序再重新读入要执行的程序按正常方式执行。典型的文件型病毒“黑色星期五”初始化过程就是如此。

（二）病毒的传染部分

传染部分的功能是将病毒自身代码复制到其他主程序中。病毒的传染有其针对性，或针对不同的系统，或针对同种系统的不同环境，如“黑色星期五”病毒只感染可执行文件。通常，病毒传染时要对被传染的程序（宿主程序）进行修改，将病毒代码附加到宿主程序中，并将程序的开始执行指针指向病毒部分。

计算机病毒的传染方式基本可分为两大类，一是立即传染，即病毒在被执行到的瞬间，抢在宿主程序开始执行前，立即感染硬盘上的其他程序，然后再执行宿主程序；二是驻留内存并伺机传染，在系统运行时，病毒通过病毒载体即系统的外存储器进入系统的内存储器，常驻内存。该病毒在系统内存中监视系统的运行，当它发现有攻击的目标存在并满足条件时，便从内存中将自身存入被攻击的目标，从而将病毒进行传播。根据病毒感染的不同目标，大体上可以把病毒分为如下3种。

1.引导区感染型

引导区感染型感染硬盘和软盘中保存启动程序的区域。引导扇区是硬盘或软盘的第一个扇区，对于操作系统的装载起着十分重要的作用。软盘只有一个引导区，被称为DOS Boot Secter，只要软盘已被格式化就存在。硬盘有两个引导区，即0面0道1扇区（称为主引导区），DOS分区的第一个扇区（即为DOS Boot Secter）。绝大多数病毒感染硬盘主引导扇区和软盘DOS引导扇区。一般来说，引导扇区先于其他程序获得对CPU的控制，通过把自己放入引导扇区，病毒就可以立刻控制整个系统。

病毒代码代替了原始的引导扇区信息，并把原始的引导扇区信息移到硬盘的其他扇区。当DOS需要访问引导数据信息时，病毒会引导DOS到储存引导信息的新扇区，从而使DOS无法察觉信息被挪到了新的地方。

另外，病毒的一部分仍驻留在内存中，当新的硬盘插入时，病毒就会把自己写到新的硬盘上。当这个盘被用于另一台机器时，病毒就会以同样的方法传播到那台机器的引导扇区上。

2.可执行文件感染型

顾名思义，可执行文件感染型病毒只感染文件扩展名为.com和.exe等的可执行文件。其感染机理其实非常简单：用户无意间运行了病毒程序后，病毒就开始查找保存在个人计算机中的其他程序文件，并实施感染。如果是可感染文件，病毒就会随意地更改此文件，并把自身的病毒代码复制到程序中。更改文件的方法包括以下几种。

（1）覆盖感染型。覆盖感染型病毒是指用自身的病毒代码覆盖文件的程序代码部分。由于只是单纯利用病毒代码进行覆盖，因此感染机理最为简单。不过，感染这种病毒后，程序文件就被破坏，无法正常工作。也就是说用户受感染后，原来的程序将不能运行，而只能启动病毒程序。所以，即便用户不能马上明白是不是病毒，也会立刻注意到发生了异常情况。

（2）追加感染型。病毒并不更改感染对象的程序代码，而是把病毒代码添加到程序文件最后。另外，追加感染型病毒还会更改原程序文件的文件头部分。具体来说，就是把文件头中原来记述的“执行开始地址为XXX（原程序的开头）”等信息更改变成“执行开始地址为ZZZ（病毒程序的开头）”。这样一来，在原程序运行之前，病毒代码就会首先被执行。另外，在病毒代码的最后会增加一段描述代码，以便重新回到执行原程序开始的地址。这样一来，受感染程序在执行了病毒代码之后，就会接着执行原程序。由于原程序会正常运行，用户很难察觉到已经感染了病毒。不过，程序受到追加感染型病毒的感染后，其文件尺寸会变得比原文件大。“黑色星期五”病毒就属于这种感染方式。

（3）插入感染型。这种病毒可以说是由追加感染型病毒发展而来的。事实上，它并不是在程序文件中查找合适的部位，然后把程序代码等信息添加到文件中，而是查找没有实际意义的数据所在的位置。插入感染型病毒找到这些部分以后，就把自身的代码覆盖到这些部分中。尽管原程序照常运行，且文件尺寸也没有任何变化，但是仍能产生感染病毒的文件。不过，此类病毒进行感染的前提条件是感染对象文件必须具有足够的空间。所以，它无法感染没有足够空间的程序文件。

3.感染数据的宏病毒

宏病毒是一种寄存在文档或模板的宏中的计算机病毒。一旦打开这样的文档，其中的宏就会被执行，于是宏病毒就会被激活，转移到计算机上，并感染其他文档。

绝大多数宏病毒都是根据微软公司Office系列软件所特有的宏功能所编写的，Office中的Word和Excel都有宏。如果在Word中重复进行某项工作，可用宏使其自动执行。Word提供了两种创建宏的方法：宏录制器和VisualBasic编辑器。宏将一系列的Word命令和指令组合在一起，形成一个命令，以实现任务执行的自动化。在默认的情况下，Word将宏存储在Normal模板中，以便所有的Word文档均能使用，这一特点为所有的宏病毒所利用。如果通用模板（Normal.dot）感染了宏病毒，那么只要一执行Word，这个受感染的通用模板便会传播到之后所编辑的文档中，如果其他用户打开了感染病毒的文档，宏病毒又会转移到他的计算机上。

由于这种脚本型病毒并不感染可执行文件，而只感染数据文件，因此也许会让人感觉与可执行文件感染型病毒区别很大。但实际上并没有太大的区别。虽说感染的是数据文件，但该数据文件最终还是含有可由某些特定应用程序来执行的程序代码文件。最关键的是，在病毒运行过程中，总体上是作为程序来运行的，因此从这个意义上讲，与可执行文件感染型病毒在本质上并没有任何区别。

（三）病毒的破坏和表现部分

计算机病毒的破坏行为体现了病毒的杀伤能力。病毒破坏行为的激烈程度取决于病毒作者的主观愿望和他所具有的技术能量。数以万计、不断发展扩张的病毒，其破坏行为千奇百怪，不可能穷举，难以进行全面的描述。根据已有的病毒资料可以把病毒的破坏目标和攻击部位归纳如下。

1.攻击系统数据区

攻击部位包括：硬盘主引导扇区、Boot扇区、FAT表、文件目录。一般来说，攻击系统数据区的病毒是恶性病毒，受损的数据不易恢复。

2.攻击文件

病毒对文件的攻击方式很多，可列举如下：删除、改名、替换内容、丢失部分程序代码、内容颠倒、写入时间空白、变碎片、假冒文件、丢失文件簇、丢失数据文件。

3.攻击内存

内存是计算机的重要资源，也是病毒的攻击目标。病毒额外地占用和消耗系统的内存资源，可以导致一些大程序受阻。病毒攻击内存的方式为：占用大量内存、改变内存总量、禁止分配内存、蚕食内存。

4.干扰系统运行

病毒会干扰系统的正常运行，以此作为自己的破坏行为。此类行为也是花样繁多，如不执行命令、干扰内部命令的执行、虚假报警、打不开文件、内部栈溢出、占用特殊数据区、换现行盘、时钟倒转、重启动、死机、强制游戏、扰乱串并行口。

5.速度下降

病毒激活时，其内部的时间延迟程序启动。在时钟中纳入了时间的循环计数，迫使计算机空转，计算机速度明显下降。

6.攻击硬盘

攻击硬盘包括攻击硬盘数据、不写盘、写操作变读操作、写盘时丢字节 。

7.扰乱屏幕显示

病毒扰乱屏幕显示的方式很多，如字符跌落、环绕、倒置、显示前一屏、光标下跌、滚屏、抖动、乱写、吃字符。

8.键盘

病毒干扰键盘操作，已发现有下述方式：响铃、封锁键盘、换字、抹掉缓存区字符、重复、输入紊乱。

9.喇叭

许多病毒运行时，会使计算机的喇叭发出响声。有的病毒作者让病毒演奏旋律优美的世界名曲，在高雅的曲调中去杀戮人们的信息财富。有的病毒作者通过喇叭发出种种声音。已发现的有以下方式：演奏曲子、警笛声、炸弹噪声、鸣叫、咔咔声、嘀嗒声。

10.攻击CMOS

在机器的CMOS区中，保存着系统的重要数据，如系统时钟、硬盘类型、内存容量等，并具有校验和。有的病毒激活时，能够对CMOS区进行写入动作，破坏系统CMOS中的数据。

11.干扰打印机

干扰打印机包括假报警、间断性打印、更换字符。

六、计算机病毒的防治

计算机病毒的防治技术总是在与病毒的较量中得到发展的。总的来讲，计算机病毒的防治技术分成四个方面，即预防、检测、清除、免疫。除了免疫技术因目前找不到通用的免疫方法而进展不大之外，其他三项技术都有很大的进展。

（一）病毒预防技术

计算机病毒的预防技术是指通过一定的技术手段防止计算机病毒对系统进行传染和

破坏，具体来说，计算机病毒的预防是通过阻止计算机病毒进入系统内存或阻止计算机病毒对硬盘的操作尤其是写操作，以达到保护系统的目的。

计算机病毒的预防技术主要包括硬盘引导区保护、加密可执行程序、读写控制技术和系统监控技术等。计算机病毒的预防应该包括两个部分：对已知病毒的预防和对未来病毒的预防。目前，对已知病毒预防可以采用特征判定技术即静态判定技术，对未知病毒的预防则是一种行为规则的判定技术即动态判定技术。

（二）病毒检测技术

计算机病毒检测技术是指通过一定的技术手段判定出计算机病毒的一种技术。计算机病毒进行传染，必然会留下痕迹。检测计算机病毒，就是要到病毒寄生场所去检查，发现异常情况，并进而验明“正身”，确认计算机病毒的存在。病毒静态时存储于硬盘中，激活时驻留在内存中。因此对计算机病毒的检测分为对内存的检测和对硬盘的检测。

病毒检测主要基于下列6种方法。

1.特征代码法

特征代码法被认为是用来检测已知病毒的最简单、开销最小的方法。其原理是将所有病毒的病毒码加以剖析，并且将这些病毒独有的特征收集在一个病毒码资料库中，简称“病毒库”，检测时，以扫描的方式将待检测程序与病毒库中的病毒特征码进行一一对比，如果发现有相同的代码，则可判定该程序已遭病毒感染。特征代码法检测病毒的实现步骤如下：

（1）采集已知病毒样本；

（2）从病毒样本中，抽取病毒特征代码；

（3）将特征代码纳入病毒数据库；

（4）打开被检测文件，在文件中搜索，检查文件中是否含有病毒数据库中的病毒特征代码；

（5）如果发现病毒特征代码，由于特征代码与病毒一一对应，便可以断定被查文件中患有何种病毒。

2.校验和法

校验和法是将正常文件的内容，计算其“校验和”，将该校验和写入文件中或写入别的文件中保存。在文件使用过程中，定期地或每次使用文件前，检查文件现在内容算出的校验和与原来保存的校验和是否一致，以此来发现文件是否感染。采用校验和法检测病毒，它既可发现已知病毒又可发现未知病毒。校验和法对隐蔽性病毒无效。运用校验和法查病毒可采用以下3种方式。

（1）在检测病毒工具中纳入校验和法，对被查的对象文件计算其正常状态的校验和，将校验和值写入被查文件或检测工具中，而后进行比较。

（2）在应用程序中，放入校验和法自我检查功能，将文件正常状态的校验和写入文件本身中，每当应用程序启动时，比较现行校验和与原校验和的值，实行应用程序的自检测。

（3）将校验和检查程序常驻内存，每当应用程序开始运行时，自动比较检查应用程序内部或别的文件中预先保存的校验和。

3.行为监测法

利用病毒的特有行为特征来监测病毒的方法，称为行为监测法。通过对病毒多年的观察、研究，人们发现有一些行为是病毒的共同行为，而且比较特殊。当程序运行时，监视其行为，如果发现了病毒行为，立即报警。

4.软件模拟法

软件模拟法是一种软件分析器，用软件方法来模拟和分析程序的运行，以后演绎为虚拟机上进行的查毒、启发式查毒技术等，是相对成熟的技术。新型检测工具纳入了软件模拟法，该类工具开始运行时，使用特征代码法检测病毒，如果发现隐蔽病毒或多态性病毒嫌疑时，启动软件模拟模块，监视病毒的运行，待病毒自身的密码译码以后，再运用特征代码法来识别病毒的种类。

5.分析法

要使用分析法检测病毒，其条件除了要具有相关的知识外，还需要DEBUG、PROVIEW等供分析用的工具程序和专用的试验用计算机。分析的步骤分为动态和静态两种。静态分析是指利用DEBUG等反汇编程序将病毒代码打印成反汇编后的程序清单进行分析，看病毒分成哪些模块，使用了哪些系统调用，采用了哪些技巧，如何将病毒感染文件的过程翻转为清除病毒、修复文件的过程，哪些代码可被用作特征码以及如何防御这种病毒。

6.病毒检测工具

最省工省时的检测方法是使用杀毒工具，如瑞星杀毒软件、KV3000、金山毒霸、MSD.exe、CPAV.exe、SCAN.exe等软件。所以，用户只需根据自己的需要选择一定的检测工具，详读使用说明，按照软件中提供的菜单和提示，一步一步地操作下去，便可实现检测目的。

（三）病毒清除技术

计算机病毒的消除技术是计算机病毒检测技术发展的必然结果，是病毒传染程序的一种逆过程。从原理上讲，只要病毒不进行破坏性的覆盖式写盘操作，病毒就可以被清除出计算机系统。安全、稳定的计算机病毒清除工作完全基于准确、可靠的病毒检测工作。

计算机病毒的清除严格地讲是计算机病毒检测的延伸，病毒清除是在检测发现特定的计算机病毒基础上，根据具体病毒的清除方法，从传染的程序中除去计算机病毒代码并恢复文件的原有结构信息。

（四）病毒免疫技术

计算机病毒的免疫技术目前没有很大发展。针对某一种病毒的免疫方法已没有人再用了，而目前尚没有出现通用的能对各种病毒都有免疫作用的技术，也许根本就不存在这样一种技术。现在，某些反病毒程序使用给可执行程序增加保护性外壳的方法，能在一定程度上起保护作用。若在增加保护性外壳前该文件已经被某种尚无法由检测程序识别的病毒感染，则此时作为免疫措施而为该程序增加的保护性外壳就会将程序连同病毒一起保护在里面。等检测程序更新了版本，能够识别该病毒时又因为保护程序外壳的“护驾”，而不能检查出该病毒。另外，某些如DIR2类的病毒仍能突破这种保护性外壳的免疫作用。

（五）计算机反病毒技术的发展

第一代反病毒技术采取单纯的病毒特征码来判断，将病毒从带毒文件中消除掉。这种方法可以准确地清除病毒、误报率低、可靠性高。后来随着病毒技术的发展，特别是加密和变形技术的运用，这种简单的静态扫描方式失去了作用。

第二代反病毒技术采用静态广谱特征扫描方法来检测病毒，这种方式可以更多地检测出变形病毒，但另一方面也带来了较高的误报率，尤其是用这种不严格的特征判定方式去清除病毒带来的风险性很大，容易造成文件和数据的破坏。所以静态防病毒技术具有难以克服的缺陷。

第三代反病毒技术的主要特点是将静态扫描技术和动态仿真跟踪技术结合起来，将查、杀病毒合二而一，形成一个整体解决方案，全面实现防、查、杀等反病毒所必备的各种手段，以驻留内存方式防止病毒的入侵，凡是检测到的病毒都能清除，不会破坏文件和数据。

第四代反病毒技术则基于多位CRC（循环冗余校验）校验和扫描机理，综合了启发式智能代码分析技术、动态数据还原技术（能查出隐蔽性极强的压缩加密文件中的病毒）、内存解毒技术和自身免疫技术等先进的计算机反病毒技术。它是一种已经形成且仍在不断发展完善的计算机反病毒整体解决方案，较好地改变了以前防病毒技术顾此失彼、此消彼长的状态。

第三节　恶意软件的防范

要解决恶意软件的问题，首先要了解它，那些人究竟要利用恶意软件干什么？恶意软件本身不是一个新概念。实际上在20世纪80年代时，人们对于恶意软件的定义就是恶意植入系统以破坏和盗取系统信息的程序。恶意软件的泛滥是继病毒、垃圾邮件后互联网世界的又一个全球性问题。恶意软件的传播严重影响了互联网用户的正常上网，侵犯了互联网用户的正当权益，给互联网带来了严重的安全隐患，妨碍了互联网的应用，侵蚀了互联网的诚信。面对恶意软件日益猖獗，严重干扰用户正常使用网络的严峻局面，如何有效地识别、防范与清除恶意软件已成为广大互联网用户需要了解的必备知识。

恶意软件是介于病毒和正规软件之间的软件。正规软件是指为方便用户使用计算机工作、娱乐而开发，面向社会公开发布的软件。

恶意软件是指在未明确提示用户或未经用户许可的情况下，在用户计算机或其他终端上安装运行，侵害用户合法权益的软件，但不包含我国法律法规规定的计算机病毒。

一、恶意软件的特征

与正常的软件相比较，具有不可知性与不可控制性，以及以下八项特征之一的软件即可被认为是恶意软件。

（一）强制安装

强制安装指未明确提示用户或未经用户许可，在用户计算机或其他终端上安装软件的行为。恶意软件通过诱导或强行将客户端程序安装到用户的计算机上且禁止用户卸载。例如，用户在浏览某一网站时，会突然跳出一个对话框，询问客户是否安装经某厂商安全认证的某某软件，但是对话框中并没有该软件的详细说明，用户基于对该公司的信任往往会选择下载，或者还没有等用户进行判断，该程序就已经默认选择了“是”。更有甚者，有时连对话框都不显示，而是在用户毫不知情的情况下直接利用脚本程序在后台进行自动安装。

（二）难以卸载

难以卸载指当用户得知已经安装了该软件后，想要卸载时却找不到卸载程序，用Windows自带的卸载工具也无法进行删除，甚至有些软件在用户强行删除后还会自动生成。一般用户的计算机水平有限，除了格式化系统以外没有更好的办法来摆脱困扰。

（三）浏览器劫持

浏览器劫持指未经用户许可，修改用户浏览器或其他相关设置，迫使用户访问特定网站或导致用户无法正常上网的行为。

（四）广告弹出

广告弹出指未明确提示用户或未经用户许可，利用安装在用户计算机或其他终端上的软件弹出广告的行为。

（五）恶意收集用户信息

恶意收集用户信息指未明确提示用户或未经用户许可，恶意收集用户信息的行为。恶意软件在后台秘密收集用户上网习惯、浏览顺序、所关心的话题、经常访问和搜索的网站等信息，为制作者的商业计划提供必要的信息。

（六）恶意卸载

恶意卸载指未明确提示用户、未经用户许可，误导、欺骗用户卸载其他软件的行为。

（七）恶意捆绑

恶意捆绑指在软件中捆绑已被认定为恶意软件的行为。

（八）其他侵害

其他侵害包括侵害用户软件安装、使用和卸载知情权、选择权的恶意行为。

二、恶意软件的主要类型及危害

（一）恶意软件的主要类型

根据不同的特征和危害，恶意软件主要有如下几类。

1.广告软件（Adware）

广告软件是指未经用户允许，下载并安装在用户电脑上，或与其他软件捆绑，通过弹出式广告等形式牟取商业利益的程序。

广告软件通常捆绑在免费或共享软件中，在用户使用共享软件时，它也同时启动，频繁弹出各类广告，进行商业宣传。一些免费软件通常使用此方法赚取广告费。频繁出现的广告会消耗用户的系统资源，影响页面刷新速度。还有一些软件在安装之后会在IE浏览器的工具栏位置添加广告商的网站链接或图标，一般用户很难清除。

2.间谍软件（Spyware）

间谍软件是一种能够在用户不知情的情况下，在其计算机上安装后门、收集用户信息的软件。

间谍软件实际上具有木马病毒的特征，此类软件通常和行为记录软件（Track Ware）一起，在用户不知情的情况下在系统后台运行，窃取并分析用户隐私数据，此类软件危及用户隐私，可能被黑客利用以进行网络诈骗。

3.浏览器劫持（Browser Hijack）

浏览器劫持是一种恶意程序，它通过DLL插件、BHO（Browser Helper Object，浏览器辅助对象）、Winsock LSP等形式篡改用户的浏览器。这类软件多半以浏览器插件的形式出现，用户一旦中招，其所使用的浏览器便会不听从命令，而是自动转到某些商业网站或恶意网页。同时，用户会发现自己的IE收藏夹里莫名其妙地多出很多陌生网站的链接。

用户在浏览网站时会被强行安装此类插件，普通用户根本无法将其卸载，被劫持后，用户只要上网就会被强行引导到其指定的网站，严重影响正常上网浏览。例如，一些不良站点会频繁弹出安装窗口，迫使用户安装某浏览器插件，甚至根本不征求用户意见，利用系统漏洞在后台强制安装到用户计算机中。这种插件还采用了不规范的软件编写技术（此技术通常被病毒使用）来逃避用户卸载，往往会造成浏览器错误、系统异常重启等。

4.行为记录软件（Track Ware）

行为记录软件是指未经用户许可，窃取并分析用户隐私数据，记录用户计算机使用习惯、网络浏览习惯等个人行为的软件。该软件危及用户隐私，可能被黑客利用来进行网络诈骗。

例如，一些软件会在后台记录用户访问过的网站并加以分析，有的甚至会发送给专门的商业公司或机构，此类机构会据此窥测用户的爱好，并进行相应的广告推广或商业活动。

5.恶意共享软件（Malicious Shareware）

恶意共享软件是指某些共享软件为了获取利益，采用诱骗手段、试用陷阱等方式强迫用户注册，或在软件体内捆绑各类恶意插件，未经允许即将其安装到用户机器里。

例如，用户安装某款媒体播放软件后，会被强迫安装与播放功能毫不相干的软件（搜索插件、下载软件）而不给出明确提示；并且在用户卸载播放器软件时不会自动卸载这些附加安装的软件。

又比如某加密软件，试用期过后所有被加密的资料都会丢失，只有交费购买该软件才能找回丢失的数据。

（二）恶意软件的危害

近几年恶意软件对计算机的侵害已超过计算机病毒，成了新的互联网公害。恶意软件不惜一切代价侵入系统，经常是安装一款共享软件时会跟着安装数十种广告软件。而这些广告软件无形地抢占系统资源，或互相冲突，常常引发系统的不稳定。据中国互联网协会的统计显示，我国现在有超过上百种恶意插件通过互联网传播，而被感染的计算机则至少在千万台以上。

我们在上网时经常会浏览一些看似很正规和很安全的网站，这些网站拥有独立的域名，并且也在行业主管部门登记注册，甚至有一些网站在国内还很知名，以至于很难把这些网站与恶意软件联系在一起。但是当用户在这些网站获得资讯的同时，在浏览网站信息的过程中发现，一些很奇怪的对话框会“不经意”地跳出来，询问用户是否安装经过某些机构认证过的软件程序。基于对该网站或某些“正规”机构的信任，也许仅仅是为了避免让这些信息再次干扰，用户便会选择安装。然而当用户再次打开浏览器时，会发现浏览器主页已被修改、安装的软件卸载不了、地址栏里多了许多以前没有访问过的网站或者弹出一些莫名其妙的广告链接……更令人气愤的是，这些恶意程序不能通过常规手段卸载。恶意软件的出现无疑严重地损害了用户的正当权益。

如果说有安装提示的恶意软件从某种意义上讲还可以控制的话，那么一些只在后台运行和安装的后门程序可能造成的后果就不堪设想了。2005年6月18日，美国万事达国际信用卡公司宣布，位于亚利桑那州土桑市的一家信用卡数据处理中心的计算机网络被侵入，4000万张信用卡账号和有效日期等信息被盗。信用卡数据中心是当消费者用信用卡交易时对信用卡个人信息进行核对，然后给予消费授权的数据机构。盗窃者在这家信用卡数据中心的计算机系统中植入一个恶意软件，VISA、美国运通和DISCOVER这三大信用卡发卡机构的信用卡信息都有部分被盗。所幸的是，有关信用卡的社会安全号等其他个人信息没有被盗。

在中国，恶意软件实际上已经形成了一条井然有序的产业链：有软件开发、渠道推广和广告经营。甚至一些正规的软件、互联网公司也加入到这个黑色利益链中来，在利益的驱动下不惜铤而走险。显然，这样一条新兴产业链的形成和发展非但不利于经济与社会的发展，反而恶化了互联网的信息安全环境，给诸多互联网用户造成了极大的损失。

传统产品供给者的收益取决于消费者购买时愿意支付的货币，而恶意软件产业链上各主体的收益并不是来自广大互联网用户的直接支付，而是来自第三方，表现为广告费、流量费、风险投资等。其收益大小取决于装机量、弹出窗口数量、搜集的用户信息量等，实际上就是侵犯用户的程度，且侵犯度越高，收益越高。这两点决定了互联网用户与恶意软件供给者之间无法形成类似传统产品市场中的博弈关系，互联网用户无法通过其“接受”或“不接受”的选择对提供者形成利益约束，并促使他们做出有利于用户的改进。恶意软件产业链上各主体可以完全不考虑互联网用户的利益和感受来牟取各自的利益，因而其危害性更大。由于软件产品不同于传统产品的特殊性，在法规缺失且没有外力介入的情况下，任由市场力量自发发挥作用，恶意软件将不可能得到遏制。

在目前情况下，要减轻恶意软件的危害，既要求互联网用户或提高自身识别、应对能力，或使用相关应对软件进行自我保护，也要求加强行业自律，更要求完善相关法律，从法律上约束恶意软件的泛滥。有关部门还应建立针对互联网犯罪的快速反应机制，使危害在发生之前就得以制止。

三、恶意软件的防范措施与清除方法

面对恶意软件无孔不入的态势，要想有效地防范其入侵，必须从多方面采取措施。对于一个企事业单位，首先需要制定具体防范政策，在安全政策中清晰地表述防范恶意软件需要考虑的事项，这些政策包括：邮件接收前的扫描、软件特别是插件安装的限制、限制移动媒介的使用（CD，USB接口闪存）、操作系统和应用程序的实时更新和下载补丁、防火墙设置等。这些政策应该作为恶意软件防范措施的基础。防范恶意软件的相关政策要有较大的灵活性以便减少修改的必要，但在关键措施上也要足够详细。其次是警惕性，一个行之有效的警惕性计划规定了用户使用IT系统和信息的行为规范。相应地，警惕性计划应该包括对恶意软件事件防范的指导，这可以减少恶意软件事件的频度和危害性。应加强用户在使用计算机过程中的安全防范意识，让所有用户都应该知晓恶意软件入侵、感染、在系统中传播的渠道和恶意软件造成的风险。尽可能多地排除系统安全隐患，力求将恶意软件挡在系统之外。

（一）恶意软件的防范措施

1.加强系统安全设置

要防范恶意软件入侵，需要用户在使用计算机的过程中加强安全防范意识，利用掌握的计算机知识，尽可能多地排除系统安全隐患，力求将恶意软件挡在系统之外。通常，可以从以下几个方面采取一些措施来防范恶意软件的入侵。

（1）及时更新系统补丁。在操作系统安装完毕后，尽快访问有关站点，下载最新的补丁，并将计算机的“系统更新”设置为自动，最大限度地减少系统存在的漏洞。

（2）严格账号管理。停用guest账号，把administrator账号改名。删除所有的duplicate user账号、测试账号、共享账号等。不同的用户组设置不同的权限，严格限制具有管理员权限的用户数量，确保不存在密码为空的账号。

（3）关闭不必要的服务和端口。禁用一些不需要的或者存在安全隐患的服务。如果不是应用所需，请关闭远程协助、远程桌面、远程注册表、Telnet等服务。

端口就像网络通信中的一扇窗户，要想进行通信就必须开放某些特定的端口。对于个人用户来说，系统安装中默认的有些端口是没有必要开放的。\system32\drivers\etc\services文件中有知名端口和服务的对照表可供参考，可以根据应用需要选择需要保留的端口，关闭其他不用的端口。

2.养成良好的计算机使用习惯

（1）不要随意打开不明网站。很多恶意软件都是通过恶意网站进行传播的。当用户使用浏览器打开这些恶意网站时，系统会自动从后台下载这些恶意软件，并在用户不知情的情况下安装到用户的计算机中。因此，上网时不要随意打开一些不明网站，尽量访问主流的熟悉的站点。

（2）尽量到知名网站下载软件。由于在共享或汉化软件里强行捆绑恶意软件已经成为恶意软件的重要传播渠道，因此要选择可信赖的站点下载软件。恶意软件最喜欢与一些个人开发的软件进行捆绑，而像华军软件园、天空软件等大型的知名下载网站都对收录的软件进行严格审核，在下载信息中通常都会直接播报该软件是否有恶意软件或是其他插件程序。

（3）安装软件时要“细看慢点”。很多捆绑了恶意软件的安装程序都有一些说明，需要在安装时注意加以选择，不能“下一步”到底。例如安装捆绑了恶意软件的暴风影音时，安装向导会提示安装相关恶意软件的列表。被捆绑的恶意软件在安装时都有一个释放过程，一般是释放到系统的临时文件夹，如果在安装软件时发现异常，可启动任务管理器终止应用程序的安装。通过进程列表可看到被释放的恶意软件安装程序进程，根据进程路径打开目录将恶意软件删除即可。

（4）禁用或限制使用Java程序及ActiveX控件。恶意软件经常使用Java、Java Applet、ActiveX编写的脚本获取你的用户标识、IP地址、口令等信息，甚至会在机器上安装某些程序或进行其他操作，因此应对Java、Java Applet、ActiveX控件和插件的使用进行限制。打开IE浏览器的“Internet选项”→“安全”→Internet→“自定义级别”，就可以设置“ActiveX控件和插件”“Java”“脚本”“下载”“用户验证”以及其他安全选项。对于一些不太安全的控件或插件以及下载操作，应该予以禁止、限制，至少要进行提示。

（二）清除方法

感染恶意软件后，计算机通常会出现运行速度变慢、浏览器异常、系统混乱甚至系统崩溃等问题。因此尽早掌握恶意软件的清除方法，对于广大计算机使用者来说是十分必要的。

1.手工清除

如果发觉自己的计算机感染了少量恶意软件，可以尝试用手工方法将其清除。具体方法如下：

第一步：重启计算机，开机按F8键，选择进入安全模式。

第二步：删除浏览器的Internet临时文件、Cookies、历史记录和系统临时文件。

第三步：在“控制面板”→“添加或删除程序”中查找恶意软件，如果存在则将其卸载。找到恶意软件的安装目录，将其连同其中的文件一并删除。

第四步：在“运行”对话框中输入“regedit”，进入注册表编辑器，在注册表中查找是否存在含有恶意软件的项、值或数据，如果存在，将其删除。

以上四步完成以后，重启计算机进入正常模式，通常恶意软件即可被清除。

2.借助专业清除软件

随着恶意软件技术越来越高，使用手工的方法已很难彻底清除它们，这时不妨借助一些专业的软件来进行“专项治理”。

目前，互联网上可供查杀恶意软件的工具多达数十款，其中查杀效果较好的有：360安全卫士、超级兔子上网精灵、恶意软件清理助手、Windows恶意软件清理大师、恶意软件杀手、瑞星卡卡上网助手等。需要注意的一点是，最好在安全模式下运行这些清除软件，这样查杀更为彻底。

第四章　网络攻防技术

随着网络的迅猛发展，网络安全问题日趋严重，黑客攻击活动日益猖獗，黑客攻击的预防技术成为当今社会关注的焦点。可以说目前网络安全防护的主要课题是如何预防和阻止黑客攻击。知己知彼才能百战不殆，本章主要介绍网络攻击者——黑客的一些常用手段、黑客攻击的一般步骤和典型的攻击方式。学习各种流行的网络攻击及相关的防御对策，内容包括：攻击概述、缓冲区溢出攻击、监听攻击、端口扫描、拒绝服务攻击、IP欺骗等。

第一节　网络攻击技术

一、网络攻击概述

随着Internet的迅猛发展，各种商业机构及政府部门都纷纷接入Internet，并提供各种各样的网络应用服务，逐步实现全球范围的信息共享。但Internet也是一把双刃剑，在给人们带来巨大便利的同时，也带来了一些负面影响，网络信息的安全问题便是其中一个不容忽视的问题。维护网络安全除了系统安全机制、网络安全协议和访问控制等一系列静态防御措施外，还必须引入检测和响应等功能，构成一个完整的、动态的入侵防御体系。而入侵防御体系作为与攻击者相互对抗的智能系统，必须拥有充分全面的攻防知识基础。

（一）黑客与入侵者

黑客是英文Hacker的音译。hacker这个单词源于动词hack，这个词在英语中有“乱砍、劈，砍”之意，还有一个意思是指“受雇于从事艰苦乏味的工作的文人”。Hacker一词最早出现在20世纪70年代的美国麻省理工学院。当时在美国西海岸，人们反战情绪激烈，种族冲突加剧，反国家、反传统的风气盛行，“黑客精神”的产生也是当时社会思潮在计算机世界中的反映。黑客们认为：任何信息都是自由公开的，任何人都可以平等地获取。在黑客看来，黑客精神至少具有这样的含义：黑客必须是技术上的行家，致力于解决复杂问题、突破技术极限，对破解各种操作系统等神秘而深奥的工作十分狂热。

在国内，由于“黑”本身就含有贬义，加上许多人对黑客了解不多，所以往往把“黑客”简单地与“网络杀手”联系起来。随着人们对黑客的逐渐了解，目前在世界各地，大众对黑客的认识正从模糊、恐惧转向中性。这从各地对黑客的“定义”可以感觉到，例如，在东方人眼中，黑客与“侠客”具有相似之处，让网络“江湖”多了一层神秘色彩。日本《新黑客字典》把黑客“定义”为：“喜欢探索软件程序奥秘，并从中增长其个人才干的人。他们不像绝大多数计算机使用者，只是规规矩矩地了解被指定的狭小范围内的知识。”对黑客比较普遍的定义是：系统的非法入侵者。多数黑客对计算机非常着迷，认为自己拥有比他人更高的才能，因此只要他们愿意，就能够非法闯入某些禁区，或恶作剧，甚至干出违法的事情，甚至以此作为一种智力的挑战而陶醉于其中。中华人民共和国公共安全行业标准《计算机信息系统安全专用产品分类原则》第3.6条规定：“黑客Hacker”是指“对计算机信息系统进行非授权访问的人员”。

在法律定义中，黑客攻击是指：攻击仅仅发生在入侵行为完全完成且入侵者已在目标网络内。但人们比较普遍的观点认为那些可能使一个网络受到破坏的所有行为都应称为“攻击”，即从一个入侵者开始在目标机上工作的那个时间起，攻击就开始了。对黑客攻击行为就像对黑客一样难以用一句话做出评判，有些黑客臭名昭著，令人谈黑色变，他们攻击各种网站、窃取个人秘密，被冠以黑客“cracker”的名称；而也有些黑客勇于创新、充满正义，他们努力提高技术水平，致力于网络安全事业，热爱祖国，同邪恶势力做斗争。虽然同为黑客，所作所为却有天壤之别。因此，在黑客世界里，所有黑客被归为以下三种类型。

1.白帽子黑客

白帽子黑客描述的是正面的黑客，他可以识别计算机系统或网络系统中的安全漏洞，但并不会恶意去利用，而是公布其漏洞。这样，系统将可以在被其他人（如黑帽子）利用之前来修补漏洞。他们是崇尚探索技术奥秘与自由精神的计算机高手，他们拥有高超的计算机应用技术，精通攻击与防御，同时头脑里具有信息安全体系的宏观意识。他们恪守着真正意义的“黑客精神”，主要表现是天才们将自己的技术运用到了商业生产中，但企业家或普通用户使用与推广都是免费的，无须向研究者付钱（企业可以向实验提供一些赞助）。黑客通过网络，将自己开发的软件免费提供给大家使用，现在许多免费软件都是由这个新时代的黑客开发的，如Linux、Winamp。其研究与探索也促进了网络技术完善和发展。国内将这类黑客称为红客。

2.黑帽子黑客

与白帽子黑客相反，黑帽子黑客为了邪恶的目的，企图获得进入系统和数据资料的权限。他们擅长攻击技术，利用漏洞获取密码、银行网站信用及个人资料来进行身份窃取和金融诈骗。黑帽子黑客又称为骇客。

3.灰帽子黑客

灰帽子黑客指介于白帽子黑客与专搞破坏的黑帽子黑客之间的一类黑客，在倡导自由与网络破坏活动之间他们更喜欢选择炫耀技术，如在被入侵的网页上留下“Thexxx.comhack.byxxx”这样的一段话。另外，软件破解者也属于这类黑客，他们破解经过版权保护处理的软件，并将破解的软件在网上发布或者提供注册机或注册码，直接危害了软件开发者的权益。

主流社会一般把黑客看作计算机罪犯，因为媒体描述的都是他们的违法行为。黑客也包括计算机安全行业里的“脚本小孩”。脚本小孩是利用他人所编辑的程序来发起网络攻击的网络闹事者，他们通常不懂得攻击对象的设计和攻击程序的原理，不能自己调试系统发现漏洞，实际职业知识远远不如他们通常冒充的黑帽子黑客。公众通常不知脚本小孩和黑帽子黑客的区别。

目前，黑客和黑客技术的存在已经是不争的事实，同时由于互联网世界的开放性，黑客技术很容易被非法者利用，所以不仅反对把黑客技术用于网络攻击和盗窃活动，也不提倡把黑客技术随意传播发布。

（二）网络攻击目标

网络安全的最终目标是通过各种技术与管理手段实现网络信息系统的机密性、完整性、可用性、可靠性、可控性和拒绝否认性，其中前三项是网络安全的基本属性。

黑客攻击的目标就是要破坏系统的上述属性，从而获取用户甚至是超级用户的权限，以及进行不被许可的操作。例如在UNIX系统中，持网络监听程序必须有root权限，因此黑客梦寐以求的就是掌握一台主机的超级用户权限，进而掌握整个网段的通信状态。

（三）网络攻击的步骤

黑客常用的攻击步骤可以说变幻莫测，但纵观其整个攻击过程，还是有一定规律可循的。根据来自国际电子商务顾问局白帽子黑客认证的资料显示，成功的黑客攻击包含了五个步骤：搜索、扫描、获得权限、保持连接和消除痕迹。

1.搜索

搜索可能是耗费时间最长的阶段，有时间可能会持续几个星期甚至几个月。黑客会利用各种渠道尽可能多地了解企业类型和工作模式，包括下面列出这些范围内的信息：

（1）互联网搜索；

（2）社会工程；

（3）垃圾数据搜寻；

（4）域名管理/搜索服务；

（5）非侵入性的网络扫描。

这些类型的活动由于是处于搜索阶段，所以很难防范。很多公司提供的信息都是很容易在网络上发现的，而员工也往往会受到欺骗而无意中提供了相应的信息，随着时间的推移，公司的组织结构以及潜在的漏洞就会被发现，整个黑客攻击的准备过程就逐渐接近完成了。

2.扫描

这个过程主要用于攻击者获取活动主机、开放服务、操作系统、安全漏洞等关键信息。扫描技术主要包括Ping扫描、端口扫描和安全漏洞扫描。

（1）Ping扫描：用于确定哪些主机是存活的。由于现在很多机器的防火墙都禁止了Ping扫描功能，因此Ping扫描失败并不意味着主机肯定是不存活的。

（2）端口扫描：用于了解主机开放了哪些端口，从而推测主机都开放了哪些服务。著名的扫描工具有nmap，netcat等。

（3）安全漏洞扫描：用于发现系统软硬件、网络协议、数据库等在设计上和实现上可以被攻击者利用的错误、缺陷和疏漏。安全漏洞扫描工具有nessus，Scanner等。

在扫描周边和内部设备的时间，黑客往往会受到入侵检测系统（Intrusion Detection System，IDS）或入侵防御系统（Intrusion Prevention System，IPS）的阻止，但情况也并非总是如此。老牌的黑客可以轻松地绕过这些防护措施。

3.获得权限

攻击者获得了连接的权限就意味着实际攻击已经开始。通常情况下，攻击者选择的目标是可以为攻击者提供有用信息，或者可以作为攻击其他目标的起点。在这两种情况下，攻击者都必须取得一台或者多台网络设备某种类型的访问权限。

4.保持连接

为了保证攻击的顺利完成，攻击者必须保持连接的时间足够长。虽然攻击者到达这一阶段也就意味着已成功地规避了系统的安全控制措施，但这也会导致攻击者面临的漏洞增加。

5.消除痕迹

在实现攻击的目的后，攻击者通常会采取各种措施来隐藏入侵的痕迹，并为今后可能的访问留下控制权限。通常会采取相应的措施来消除攻击留下的痕迹，同时还会尽量保留隐蔽的通道。采用的技术有日志清理、安装后门、内核套件等。

（1）日志清理：通过更改系统日志清除攻击者留下的痕迹，避免被管理员发现。

（2）安装后门：通过安装后门工具，方便攻击者再次进入目标主机或远程控制目标主机。

（3）安装内核套件：可使攻击者直接控制操作系统内核，提供给攻击者一个完整的隐藏自身的工具包。

网络世界瞬息万变，攻击者的攻击手段、攻击工具也在不断变化，并不是每次攻击都需要以上过程，攻击者在攻击过程中根据具体情况可能会增减部分攻击步骤。

（四）攻击发展趋势

目前，Internet已经成为全球信息基础设施的骨干网络，Internet的开放性和共享性使得网络安全问题日益突出。网络攻击的方法已由最初的口令破解、攻击操作系统漏洞发展为一门完整的科学，包括搜集攻击目标的信息、获取攻击目标的权限、实施攻击、隐藏攻击行为、开辟后门等。与此相反的是，成为一名攻击者越来越容易，需要掌握的技术越来越少，网络上随手可得的黑客视频以及黑客工具，使得任何人都可以轻易发动攻击。目前网络攻击技术和攻击工具在以下几个方面正快速发展。

1.网络攻击的自动化程度和攻击速度不断提高

自动化攻击一般涉及四个阶段，每个阶段都发生了新的变化。在扫描阶段，扫描工具的发展，使得黑客能够利用更先进的扫描模式来改善扫描效果，提高扫描速度；在渗透控制阶段，安全脆弱的系统更容易受到损害；攻击传播技术的发展，使得以前需要依靠人启动软件工具发起的攻击，发展到攻击工具可以自己发动新的攻击；在攻击工具的协调管理方面，随着分布式攻击工具的出现，黑客可以很容易地控制和协调分布在Internet上的大量已部署的攻击工具。目前，分布式攻击工具能够更有效地发动拒绝服务攻击，扫描潜在的受害者，危害存在安全隐患的系统。

2.攻击工具越来越复杂

攻击工具的开发者正在利用更先进的技术武装攻击工具，攻击工具的特征比以前更难发现，它们已经具备了反侦破、动态行为、攻击工具更加成熟等特点。

反侦破是指黑客越来越多地采用具有隐蔽攻击工具特性的技术，使安全专家需要耗费更多的时间来分析新出现的攻击工具和了解新的攻击行为。

动态行为是指现在的自动攻击工具可以根据随机选择、预先定义的决策路径或通过入侵者直接管理，来变化它们的模式和行为，而不是像早期的攻击工具那样，仅能够以单一确定的顺序执行攻击步骤。

攻击工具更加成熟，是指攻击工具已经发展到可以通过升级或更换工具的一部分迅速变化自身，进而发动迅速变化的攻击，且在每一次攻击中都会出现多种不同形态的攻击工具；同时，攻击工具也越来越普遍地支持多操作系统平台运行；在实施攻击时，许多常见的攻击工具使用了如IRC或HTTP等协议从攻击者处向受攻击计算机发送数据或命令，使得人们区别正常、合法的网络传输流与攻击信息流变得越来越困难。

3.黑客利用安全漏洞的速度越来越快

新发现的各种系统与网络安全漏洞每年都要增加一倍，每年都会发现安全漏洞的新类型，网络管理员需要不断用最新的软件补丁修补这些漏洞。黑客经常能够抢在厂商修补这些漏洞前发现这些漏洞并发起攻击。

4.防火墙被攻击者渗透的情况越来越多

配置防火墙目前仍然是防范网络入侵者的主要保护措施，但是，现在出现了越来越多的攻击技术，可以实现绕过防火墙的攻击，例如，黑客可以利用Internet打印协议（Internet Printing Protocal，IPP）和基于Web的分布式创作与翻译绕过防火墙实施攻击。

5.安全威胁的不对称性增加

Internet上的安全是相互依赖的，每台与Internet连接的计算机遭受攻击的可能性，与连接到全球Internet上其他计算机系统的安全状态直接相关。由于攻击技术的进步，攻击者可以较容易地利用分布式攻击系统对受害者发动破坏性攻击。随着黑客软件部署自动化程度和攻击工具管理技巧的提高，安全威胁的不对称性将继续增加。

6.攻击网络基础设施产生的破坏效果越来越大

由于用户越来越多地依赖计算机网络提供各种服务，完成日常业务，黑客攻击网络基础设施造成的破坏影响越来越大。人们越来越怀疑计算机网络能否确保服务的安全性。黑客攻击网络基础设施的主要手段有分布式拒绝服务攻击、蠕虫病毒攻击、对Internet域名系统DNS的攻击和对路由器的攻击。

分布式拒绝服务攻击是攻击者操纵多台计算机系统攻击一个或多个受害系统，导致被攻击系统拒绝向其合法用户提供服务。

蠕虫病毒是一种自我繁殖的恶意代码，它与需要被感染计算机进行某种动作才触发繁殖功能的普通计算机病毒不同，蠕虫病毒能够利用大量系统安全漏洞自我繁殖，导致大量计算机系统在几个小时内受到攻击。对DNS的攻击包括伪造DNS缓存信息（DNS缓存区中毒）、破坏修改提供给用户的DNS数据、迫使DNS拒绝服务或域劫持等。

对路由器的攻击包括修改、删除全球Internet的路由表，使得应该发送到一个网络的信息流改向传送到另一个网络，从而造成对两个网络的拒绝服务攻击。尽管路由器保护技术早已广泛使用，但仍然有许多用户没有利用已有的技术保护自己网络的安全。

二、缓冲区溢出攻击

缓冲区溢出攻击是利用缓冲区溢出漏洞所进行的攻击行为。由于缓冲区溢出是一种非常普遍、非常危险的漏洞，在各种操作系统、应用软件中广泛存在，黑客利用缓冲区溢出漏洞攻击，可以导致程序运行失败、系统崩溃以及重新启动等后果。更为严重的是，可以利用缓冲区溢出执行非授权指令，甚至取得系统特权，进而进行各种非法操作。

缓冲区溢出是不分什么系统、什么程序都广泛存在的一个漏洞，也是被黑客最多使用的攻击漏洞。

（一）攻击原理

要了解缓存溢出的机理，首先要清楚堆栈的概念。从物理上讲，堆栈就是一段连续分配的内存空间。在一个程序中，会声明各种变量。静态全局变量是位于数据段并且在程序开始运行时被加载。而程序动态的局部变量则分配在堆栈里面。

从操作上来讲，堆栈是一个先入后出的队列。其生长方向与内存的生长方向正好相反。我们规定内存的生长方向为向上，则堆栈的生长方向为向下。压栈的操作push=ESP-4，出栈的操作是pop=ESP+4。换句话说，堆栈中老的值，其内存地址反而比新的值要大。请牢牢记住这一点，因为这是堆栈溢出的基本理论依据。

在一次函数调用中，堆栈中将被依次压入：参数、返回地址、EBP。如果函数有局部变量，接下来，就在堆栈中开辟相应的空间以构造变量。函数执行结束，这些局部变量的内容将被丢失，但不被清除。在函数返回时，弹出EBP，恢复堆栈到函数调用的地址，弹出返回地址到EIP以继续执行程序。函数调用的过程分三个步骤：

（1）保存当前的栈基址（EBP）；

（2）调用参数和返回地址（EIP）压栈，跳转到函数入口；

（3）恢复调用者原有栈。

堆栈溢出就是不顾堆栈中分配的局部数据块大小，向该数据块写入了过多的数据，导致数据越界，结果覆盖了老的堆栈数据。

（二）缓冲区溢出漏洞攻击方式

1.在程序的地址空间里安排适当的代码

在程序的地址空间里安排适当的代码往往是相对简单的。如果要攻击的代码在所攻击程序中已经存在了，那么就简单地对代码传递一些参数，然后使程序跳转到目标中就可以完成了。攻击代码要求执行“exec(‘/bin/sh’)”，而在libc库中的代码执行“exec(arg)”，其中的“arg”是一个指向字符串的指针参数，只要把传入的参数指针修改指向“/bin/sh”，然后再跳转到libc库中的响应指令序列就可以了。

当然，很多时候这个可能性是很小的，那么就得用一种叫“植入法”的方式来完成了。当向要攻击的程序里输入一个字符串时，程序就会把这个字符串放到缓冲区里，这个字符串包含的数据是可以在这个所攻击目标的硬件平台上运行的指令序列。缓冲区可以设在：堆栈（自动变量）、堆（动态分配的）和静态数据区（初始化或者未初始化的数据）等任何地方。也可以不必为达到这个目的而溢出任何缓冲区，只要找到足够的空间来放置这些攻击代码就够了。

2.控制程序转移到攻击代码的形式

缓冲区溢出漏洞攻击都是在寻求改变程序的执行流程，使它跳转到攻击代码，最为基本的就是溢出一个没有检查或者其他漏洞的缓冲区，这样做就会扰乱程序的正常执行次序。通过溢出某缓冲区，可以改写相近程序的空间而直接跳转过系统对身份的验证。原则上来讲，攻击时所针对的缓冲区溢出的程序空间可为任意空间。但因不同地方的定位相异，所以也就带出了多种转移方式。

（1）Function Pointers（函数指针）。在程序中，“void(*foo)()”声明了一个返回值为“void”Function Pointers的变量“foo”。Function Pointers可以用来定位任意地址空间，攻击时只需要在任意空间里的Function Pointers邻近处找到一个能够溢出的缓冲区，然后用溢出来改变Function Pointers。当程序通过Function Pointers调用函数时，程序的流程就会实现。

（2）Activation Records（激活记录）。当一个函数调用发生时，堆栈中会留驻一个

Activation Records，它包含了函数结束时返回的地址。执行溢出这些自动变量，使这个返回的地址指向攻击代码，再通过改变程序的返回地址。当函数调用结束时，程序就会跳转到事先所设定的地址，而不是原来的地址。这样的溢出方式也是较常见的。

（3）Longjmpbuffers（长跳转缓冲区）

在C语言中包含了一个简单的检验/恢复系统，称为“setjmp/longjmp”，意思是在检验点设定“setjmp(buffer)”，用“longjmp(buffer)”来恢复检验点。如果攻击时能够进入缓冲区的空间，感觉“longjmp(buffer)”实际上是跳转到攻击的代码。像Function Pointers一样，longjmp缓冲区能够指向任何地方，所以找到一个可供溢出的缓冲区是最先应该做的事情。

3.植入综合代码和流程控制

常见的溢出缓冲区攻击类是在一个字符串里综合了代码植入和Activation Records。攻击时定位在一个可供溢出的自动变量，然后向程序传递一个很大的字符串，在引发缓冲区溢出改变Activation Records的同时植入代码。因为C语言在习惯上只为用户和参数开辟很小的缓冲区，因此这种漏洞攻击的实例十分常见。

代码植入和缓冲区溢出不一定要在一次动作内完成。攻击者可以在一个缓冲区内放置代码，这是不能溢出的缓冲区。然后，攻击者通过溢出另一个缓冲区来转移程序的指针。这种方法一般用来解决可供溢出的缓冲区不够大（不能放下全部的代码）的情况。

如果攻击者试图使用已经常驻的代码而不是从外部植入代码，他们通常必须把代码作为参数调用。举例来说，在libc（几乎所有的C程序都要它来连接）中的部分代码段会执行“exec(something)”，其中something就是参数。攻击者使用缓冲区溢出改变程序的参数，然后利用另一个缓冲区溢出使程序指针指向libc中的特定代码段。

（三）缓冲区溢出的防范

目前有四种基本方法可以保护缓冲区免受缓冲区溢出的攻击和影响。

1.强制写正确代码的方法

编写正确的代码是一件非常有意义但耗时的工作，特别像编写C语言那种具有容易出错倾向的程序（如字符串的零结尾），这种风格是由于追求性能而忽视正确性的传统引起的。最简单的方法就是用grep来搜索源代码中容易产生漏洞的库的调用，比如对strcpy和sprintf的调用，这两个函数都没有检查输入参数的长度。事实上，各个版本C的标准库均有这样的问题存在。尽管可以采用strncpy和snprintf这些替代函数来防止缓冲区溢出的发生，但是由于编写代码的问题，仍旧会有这种情况发生。为了对付这些问题，人们开发了一些高级的查错工具，如faultinjection等。这些工具的目的在于通过人为随机地产生一些缓冲区溢出来寻找代码的安全漏洞。还有一些静态分析工具用于侦测缓冲区溢出的存在。虽然这些查错工具可以查找到一些漏洞，但是由于C语言的特点，这些工具不可能找出所有的缓冲区溢出漏洞，只能起到减少缓冲区溢出的作用。

2.通过操作系统使得缓冲区不可执行，从而阻止攻击者植入攻击代码

这种方法有效地阻止了很多缓冲区溢出的攻击，但是攻击者并不一定要植入攻击代码来实现缓冲区溢出的攻击，所以这种方法还是存在很多弱点的。

3.利用编译器的边界检查来实现缓冲区的保护

数组边界检查完全没有缓冲区溢出的产生，所以只要保证数组不溢出，那么缓冲区溢出攻击也就只能是望梅止渴了。实现数组边界检查，所有对数组的读写操作都应该被检查，这样可以保证对数组的操作在正确的范围之内。检查数组是一件叫人头疼的事情，所以利用一些优化技术来检查就减少了负重。可以使用康柏（Compaq）公司专门为Alpha CPU开发的Compaq C编译器、Jones&Kelly的C的数组边界检查、Purify存储器存取检查等来检查。这个方法使得缓冲区溢出不可能出现，从而完全消除了缓冲区溢出的威胁，但是相对而言代价比较大。

4.在程序指针失效前进行完整性检查

虽然这种方法不能使得所有的缓冲区溢出失效，但它的确阻止了绝大多数的缓冲区溢出攻击，而能够逃脱这种方法保护的缓冲区溢出也很难实现。全自动的指针保护需要对每个变量加入附加字节，这样使得指针边界检查在某些情况下具有优势。

程序指针完整性检查在程序指针被引用之前检测到它的改变，这时即使有人改变了程序的指针，也因为系统早先已经检测到了指针的改变而不会造成指针利用。但程序指针完整性检查不能解决所有的缓冲区溢出问题，如果有人使用了其他的缓冲区溢出，那么程序指针完整性检查就可能检测不到了。但是程序指针完整性检查在性能上有着很大的优势，并且有良好的兼容性。

三、网络嗅探

网络嗅探是黑客经常用的一种方法，很多黑客入侵时都把网络嗅探作为其最基本的步骤和手段，用这种方法获取其想要的密码等信息。另外，当成功地登录到网络上的一台计算机主机，并取得了超级用户的权限之后，往往要使用各种方法来进一步入侵，控制网络中的其他计算机。在这些方法中，最简单和最有效的方法就是网络嗅探，通过网络嗅探可以获得其他方法难以得到的信息。

（一）嗅探器概述

嗅探器（Sniffer）是一种在网络上常用的收集有用信息的软件，可以用来监视网络的状态、数据流动情况以及网络上传输的信息。当信息以明文的形式在网络上传输时，便可以使用网络嗅探的方式来进行攻击，分析出用户敏感的数据，如用户的账号、密码，或者是一些商用机密数据等。而经常使用的FTP、Telent、SMTP、POP协议等都采用明文来传输数据。大多数的黑客仅仅为了探测内部网上的主机并取得控制权，只有那些“雄心勃勃”的黑客，为了控制整个网络才会安装特洛伊木马和后门程序，并清除记录。他们经

常使用的手法是安装嗅探器。因此，嗅探器攻击也是在网络环境中非常普遍的攻击类型之一。

ISS为嗅探器（Sniffer）作了以下定义：Sniffer是利用计算机的网络接口截获目的地为其他计算机的数据报文的一种工具。简单一点解释：一部电话上的窃听装置可以用来窃听双方通话的内容，而嗅探器则可以窃听计算机程序在网络上发送和接收到的数据。后者的目的就是破坏信息安全中的保密性，即越是要保密的内容就越是要知道。可是，计算机直接传送的数据是大量的二进制数据。那么，嗅探器怎样才能听到在网络线路上传送的二进制数据信号呢？可不可以在一台普通的计算机上就可以很好地运作起来完成嗅探任务呢？答案是肯定的。首先，嗅探器必须也使用特定的网络协议来分析嗅探到的数据，也就是说，嗅探器必须能够识别出哪个协议对应于这个数据片断，只有这样才能够进行正确的解码。其次，嗅探器能够捕获的通信数据量与网络以及网络设备的工作方式是密切相关的。

（二）嗅探器的工作原理

为了对嗅探器的工作原理有一个深入的了解，先简单介绍一下Hub与网卡的原理。

1.Hub工作原理

由于以太网等很多网络（常见共享Hub连接的内部网）是基于总线方式的，在物理上是广播的，就是当一个机器发给另一个机器数据时，共享Hub先收到，然后把它接收到的数据再发给其他的（来的那个口不发）每一个口，所以在共享Hub下，同一网段的所有机器的网卡都能接收到数据。

交换式Hub的内部单片程序能记住每个口的MAC地址，以后该哪个机器接收就发往哪个口，而不是像共享Hub那样发给所有的口，所以交换Hub下只有该接收数据的机器的网卡能接收到数据，当然广播包还是发往所有口。显然共享Hub的工作模式使得两个机器传输数据的时候把其他机器别的口也占用了，所以共享Hub决定了同一网段同一时间只能有两个机器进行数据通信，而交换Hub两个机器传输数据时没有占用别的口，所以别的口之间也可以同时传输。这就是共享Hub与交换Hub不同的两个地方，共享Hub是同一时间只能一个机器发送数据并且所有机器都可以接收，只要不是广播数据交换，Hub同一时间可以对机器进行数据传输，并且数据是私有的。

2.网卡工作原理

网卡收到传输来的数据，网卡内的单片程序先接收数据头的目的MAC地址，根据计算机上的网卡驱动程序设置的接收模式判断该不该接收，认为该接收就在接收后产生中断信号通知CPU，认为不该接收就丢掉不管，所以不该接收的数据网卡就截断了，但计算机根本就不知道。CPU得到中断信号产生中断，操作系统就根据网卡的驱动程序设置的网卡中断程序地址调用驱动程序接收数据，驱动程序接收数据后放入信号堆栈让操作系统处理。

3.嗅探器工作原理

有了Hub、网卡的工作原理就可以讲Sniffer了。首先，要知道嗅探器要捕获的东西必须是要物理信号能收到的报文信息。显然只要通知网卡接收其收到的所有包（一般叫作乱模式），在共享Hub下就能接收到这个网段的所有包，但是交换Hub下就只能是自己的包加上广播包。要想在交换Hub下接收别人的包，那就要采用ARP欺骗的方法，ARP是一种将IP转化成以IP对应的网卡的物理地址的一种协议，或者说ARP协议是一种将IP地址转化成MAC地址的一种协议，它靠维持在内存中保存的一张表来使IP得以在网络上被目标机器应答。ARP就是IP地址与物理地址之间的转换，当在传送数据时，IP包里就有源IP地址、源MAC地址、目标IP地址，如果在ARP表中有相对应的MAC地址，那么它就直接访问；反之，它就要广播出去，对方的IP地址和发出的目标IP地址相同，那么对方就会发一个MAC地址给源主机。而ARP欺骗就在此处开始，侵略者若接听到发送的IP地址，那么，它就可以仿冒目标主机的IP地址，然后返回自己主机的MAC地址给源主机。因为源主机发送的IP包没有包括目标主机的MAC地址，而ARP表里面又没有目标IP地址和目标MAC地址的对应表，所以，容易产生ARP欺骗。

例如，假设有三台主机A，B，C位于同一个交换式局域网中，监听者处于主机A，而主机B和C正在通信。现在A希望能嗅探到B→C的数据，于是A就可以伪装成C对B做ARP欺骗——向B发送伪造的ARP应答包，应答包中IP地址为C的IP地址而MAC地址为A的MAC地址。这个应答包会刷新B的ARP缓存，让B认为A就是C，说详细点，就是让B认为C的IP地址映射到的MAC地址为主机A的MAC地址。这样，B想要发送给C的数据实际上却发送给了A，这就达到了嗅探的目的。在嗅探到数据后，还必须将此数据转发给C，这样就可以保证B和C的通信不被中断。

以上就是基于ARP欺骗的嗅探基本原理。在这种嗅探方法中，嗅探者A实际上是插入了B→C中，B的数据先发送给了A，然后再由A转发给C，其数据传输关系为：B→A→C，B←A←C。

当然，黑客在进行欺骗时还需要通过抓包和对包进行过滤，得到他们想要的信息，如用户名、口令等。

（三）嗅探器的检测与防范

检测嗅探器程序是比较困难的，因为它是被动的，只收集数据包而不发送数据包。但实际上可以找到检测嗅探器的一些方法。如果某个嗅探器程序只具有接收数据的功能，那么它不会发送任何包；但如果某个嗅探器程序还包含其他功能，它通常会发送包，比如为了发现与IP地址有关的域名信息而发送DNS反向查询数据。而且，由于设置成“混杂模式”，嗅探器对某些数据的反应会有所不同。通过构造特殊的数据包，就有可能检测到它的存在。

1.ARP广播地址探测

正常情况下，就是说不在混杂模式下，网卡检测是不是广播地址，要比较收到的目的以太网址是否等于FF-FF-FF-FF-FF-FF，是则认为是广播地址。在混杂模式时，网卡检测是不是广播地址，只看收到包的目的以太网址的第一个八位组值，是0xFF则认为是广播地址。只要发一个目的地址是FF-00-00-00-00-00的ARP包，如果某台主机以自己的MAC地址回应这个包，那么它就运行在混杂模式下。

2.Ping方法

大多数嗅探器运行在网络中安装了TCP/IP协议栈的主机上。这就意味着如果向这些机器发送一个请求，它们将产生回应。Ping方法就是向可疑主机发送包含正确IP地址和错误MAC地址的Ping包。具体步骤及结论如下：

（1）假设可疑主机的IP地址为192.168.10.10，MAC地址是AA-BB-CC-DD-EE-EE，检测者和可疑主机位于同一网段；

（2）稍微改动可疑主机的MAC地址，假设改成AA-BB-CC-DD-EE-EF；

（3）向可疑主机发送一个Ping包，包含它的IP和改动后的MAC地址；

（4）没有运行嗅探器的主机将忽略该帧，不产生回应，如果看到回应，那么说明可疑主机确实在运行嗅探器程序。

3.DNS方法

如前所述，嗅探器程序会发送DNS反向查询数据，因此，可以通过检测它产生的DNS传输流进行判断。检测者需要监听DNS服务器接收到的反向域名查询数据。只要Ping网内所有并不存在的主机，那么对这些地址进行反向查询的机器就是在查询包中所包含的IP地址，也就是说在运行嗅探器程序。

此外，还可以使用著名的检测工具，如Anti-Sniff。Anti-Sniff是由著名黑客组织（现在是安全公司）L0pht开发的工具，用于检测本地网络是否有机器处于混杂模式（即监听模式）。该工具以多种方式测试远程系统是否正在捕捉和分析那些并不是发送给它的数据包。这些测试方法与其操作系统本身无关。Anti-sniff运行在本地以太网的一个网段上。如果在非交换式的C类网络中运行，Anti-sniff能监听整个网络；如果网络交换机按照工作组来隔离，则每个工作组中都需要运行一个Anti-sniff。原因是某些特殊的测试使用了无效的以太网地址，另外某些测试需要进行混杂模式下的统计（如响应时间、包丢失率等）。Anti-sniff的用法非常简便，在工具的图形界面中选择需要进行检查的机器，并且指定检查频率。对于除网络响应时间检查外的测试，每一台机器会返回一个确定的正值或负值。返回正值表示该机器正处于混杂模式，这就有可能已经被安装了Sniffer。

四、端口扫描

Internet上的主机大部分都提供WWW、Mail、FTP、BBS等网络信息服务，基本上每一台主机都同时提供几种服务，一台主机为何能够提供如此多的服务呢？一般提供服务的操作系统（如UNIX等）是多用户多任务的系统，将网络服务划分为许多不同的端口，每一个端口提供一种不同的服务，一个服务会有一个程序时刻监视端口活动，并且给予应有的应答。并且端口的定义已经成为标准，例如，FTP服务的端口是21，Telnet服务的端口是23，WWW服务的端口是80等。

如果攻击者使用软件扫描目标计算机，得到目标计算机打开的端口，也就了解了目标计算机提供了哪些服务。我们都知道，提供服务就可能有服务软件的漏洞，根据这些漏洞，攻击者可以达到对目标计算机的初步了解。如果计算机的端口打开太多，而管理者又不知道，那么就可能发生两种情况：一种是提供了服务而管理者没有注意，比如安装IIS时，软件就会自动增加很多服务，而管理员可能没有注意到；另外一种是服务器被攻击者安装了木马，通过特殊的端口进行通信。这两种情况都是很危险的，说到底，就是管理员不了解服务器提供的服务，减小了系统安全系数。

端口扫描是黑客或者网络攻击常用的手段。有许多网络入侵都是从端口扫描开始的。

（一）扫描器

扫描器是一种自动检测远程或本地主机安全性弱点的程序，通过使用扫描器可以不留痕迹地发现远程服务器的各种TCP端口的分配、提供的服务和它们的软件版本。这就能让我们间接或直观地了解到远程主机所存在的安全问题。

扫描器通过选用远程TCP/IP不同端口的服务，并记录目标给予的回答，通过这种方法，可以搜集到很多关于目标主机的各种有用信息，比如，是否能用匿名登录，是否有可写的FTP目录，是否能用远程登录（Telnet）等。

扫描器并不是一个直接的攻击网络漏洞的程序，它仅仅能帮助发现目标主机的某些内在的弱点。一个好的扫描器能对它得到的数据进行分析，帮助查找目标主机的漏洞。但它不会提供进入一个系统的详细步骤。

扫描器应该有下述功能：

（1）扫描目标主机识别其工作状态（开/关机）；

（2）识别目标主机端口的状态（监听/关闭）；

（3）识别目标主机系统及服务程序的类型和版本；

（4）根据已知漏洞信息，分析系统脆弱点；

（5）生成扫描结果报告。

常用的扫描器有SATAN，strobe，Pinger，Portscan，Superscan等。

（二）常用的端口扫描技术

一个端口就是一个潜在的通信通道，即入侵通道。黑客就是对目标计算机进行端口扫描，得到有用的信息。扫描的方法就是通过对返回的数据包进行分析，获取有关端口的信息。因此，有必要了解TCP/IP协议的数据包头结构和连接过程。

TCP是一种面向连接的可靠的传输层协议。一次正常的TCP传输需要通过在客户端和服务器之间建立特定的虚电路连接来完成，该过程通常被称为“三次握手”。TCP通过数据分段中的序列号保证所有传输的数据可以在远端按照正常的次序进行重组，而且通过确认保证数据传输的完整性。

一个TCP头包含6个标志位。

SYN：用来建立连接，让连接双方同步序列号。如果SYN=1而ACK=0，则表示该数据包为连接请求，如果SYN=1而ACK=1则表示接受连接。

FIN：表示发送端已经没有数据要求传输了，希望释放连接。

RST：用来复位一个连接。RST标志位置的数据包称为复位包。一般情况下，如果TCP收到的一个分段明显不是属于该主机上的任何一个连接，则向远端发送一个复位包。

URG：为紧急数据标志。如果它为1，表示本数据包中包含紧急数据。此时紧急数据指针有效。

ACK：为确认标志位。如果为1，表示包中的确认号是有效的；否则，包中的确认号无效。

PSH：如果置位，接收端应尽快把数据传送给应用层。

ICMP协议：从技术角度来说，ICMP就是一个“错误侦测与回报机制”，其目的就是让用户能够检测网路的连线状况，也能确保连线的准确性。其功能主要有：侦测远端主机是否存在、建立及维护路由资料；重导信息传送路径、控制信息流量。

1.TCP connect()扫描

这是最基本的TCP扫描。操作系统提供的connect()系统调用，用来与每一个感兴趣的目标计算机的端口进行连接。如果端口处于侦听状态，那么connect()就能成功；否则，这个端口是不能用的，即没有提供服务。这个技术的一个最大优点在于不需要任何权限。系统中的任何用户都有权利使用这个调用。另一个好处就是速度。如果对每个目标端口以线性的方式使用单独的connect()调用，那么将会花费相当长的时间，用户可以通过同时打开多个套接字，从而加速扫描。使用非阻塞I/O允许设置一个低的时间用尽周期，同时观察多个套接字。但这种方法的缺点是很容易被发觉，并且被过滤掉。目标计算机的logs文件会显示一连串连接和连接时出错的服务消息，并且能很快使它关闭。

2.TCP SYN扫描

TCP connect()扫描需要建立一个完整的TCP连接，这样很容易被对方发现。TCP SYN技术通常被认为是“半开放”扫描，因为扫描程序不必打开一个完全的TCP连接。扫描程序发送一个SYN数据包，就好像准备打开一个实际的连接并等待ACK一样。如果返回SYN/ACK，表示端口处于侦听状态；如果返回RST，就表示端口没有处于侦听状态。如果收到一个SYN/ACK，则扫描程序必须再发送一个RST信号来关闭这个连接过程。TCP SYN扫描技术的优点就在于一般不会在目标计算机上留下记录。但它的前提是：必须要有Root权限才可以建立自己的SYN数据包。

3.TCP FIN扫描

正常情况下，防火墙和包过滤器都会对一些指定的端口进行监视，并且可以检测和过滤掉TCP SYN扫描。但是，FIN数据包就可以没有任何阻拦地通过。TCP FIN扫描技术的思想是关闭的端口会用适当的RST来回复FIN数据包。另外，打开的端口会忽略对FIN数据包的回复。这里要注意的是：有的系统不管端口是否打开，都会回复RST信号，在这种情况下，TCP FIN扫描就无法使用了。

4.IP段扫描

IP段扫描本身并不是一种新的扫描方法，而是其他扫描技术的变种，特别是SYN扫描和FIN扫描。其思想是，把TCP包分成很小的分片，从而让它们能够通过包过滤防火墙，注意，有些防火墙会丢弃太小的包，而有些服务程序在处理这样的包时会出现异常，或者性能下降，或者出现错误。

5.TCP反向Ident扫描

Ident协议（Identification Protocol，标识协议）允许看到通过TCP连接的任何进程拥有者的用户名，即使这个连接不是由这个进程开始的。举个例子，连接到HTTP端口，然后用Ident来发现服务器是否正在以Root权限运行。这种方法只能在与目标端口建立了一个完整的TCP连接后才能看到。

6.FTP返回攻击

FTP协议的一个特点是它支持代理（Proxy）FTP连接。当某台主机与目标主机在FTPserver-PI（协议解释器）上建立一个控制连接后，可以通过对server-PI进行请求来激活一个有效的server-DTP（数据传输进程），并使用这个server-DTP向网络上的其他主机发送数据。

利用这种特性，可以借助一个代理FTP服务器来扫描TCP端口。其实现过程是：首先连接到FTP服务器上；然后向FTP服务器写入数据；最后激活数据传输过程，由FTP服务器把数据发送到目标主机上的端口。

对于端口扫描，可先利用FTP和PORT命令来设定主机和端口，然后执行其他FTP文件命令，根据命令的响应码可以判断出端口的状态。这种方法的优点是能穿过防火墙且不被怀疑，缺点是速度慢，以及完全依赖于代理FTP服务器。

7.UDP扫描

在UDP扫描中，是向目标端口发送一个UDP分组。如果目标端口是以一个“ICMP port Unreachable”（ICMP端口不可到达）消息来作为响应的，那么该端口是关闭的。相反，如果没有收到这个消息那就可以推断该端口是打开的。还有就是一些特殊的UDP回馈，比如SQL Server服务器，对其1434号端口发送“x02”或者“x03”就能够探测到其连接端口。由于UDP是无连接的不可靠协议，因此这种技巧的准确性很大程度上取决于与网络及系统资源的使用率相关的多个因素。另外，当试图扫描一个大量应用分组过滤功能的设备时，UDP扫描将是一个非常缓慢的过程。如果要在互联网上执行UDP扫描，那么结果就是不可靠的。

（三）防止端口扫描的方法

下面以Windows XP为例，看一下怎样设置端口能使端口与提供的服务适配，并能通过这些设置来防止端口扫描。

1.关闭软件开启的端口

可以打开本地连接的“属性→Internet协议（TCP/IP）→属性→高级→选项→TCP/IP筛选属性”，然后都选上“只允许”。请注意，如果发现某个常用的网络工具不能起作用时，请搞清它在主机所开的端口，然后在“TCP/IP筛选”中添加相应的端口。

2.禁用NetBIOS

打开本地连接的“属性→Internet协议（TCP/IP）→属性→高级→WINS→禁用TCP/IP上的NetBIOS”。这样一来就关闭了137、138及139端口，从而预防Windows系统中危害比较大的IPC（Internet Process Connection）入侵。

3.开启Windows XP自带的网络防火墙

打开本地连接的“属性→高级”，启用防火墙之后，单击“设置”按钮可以设置系统开放或关闭哪些服务。一般来说，这些服务都可以不要，关闭这些服务后，这些服务涉及的端口就不会被轻易打开了。

4.禁用445端口

如果要禁用445端口，需向注册表“HKEY_LO-CAL_MACHINE\SYSTEM\CurrentControlSet\Services\NetBT\Parameters”中追加名为“SMBDeviceEnabled”的DWORD值，并将其设置为0即可。

通过以上设置，Windows XP系统的安全性将大大提高。

五、拒绝服务攻击

拒绝服务攻击（DoS）是一种针对TCP/IP协议的缺陷来进行网络攻击的手段，它可以出现在任何平台上。拒绝服务攻击的原理并不复杂而且易于实现，通过向目标主机发送海量的数据包，占据大量的共享资源（这里资源可以是处理器的时间、硬盘的空间、打印机和调制解调器，甚至也涉及系统管理员的时间），使系统没有其他的资源来给其他的用户使用，或使网络服务器中充斥着大量要求回复的信息，消耗网络带宽或系统资源，停止正常的网络服务。

拒绝服务减低了资源的可用性，攻击的结果是停止和失去服务，甚至主机崩溃。通过简单的工具就能在因特网上引发极度的混乱，而且这种攻击工具每个人在网上都可以得到、使用，更糟的是目前还没有一个有效的对付方法。

（一）拒绝服务攻击的类型

拒绝服务攻击的实现是利用了Internet网络协议的许多安全漏洞，它让我们看到了现存网络脆弱性的一面。可用于发动拒绝服务攻击的工具很多，比较常见的可以分为以下四种类型。

1.带宽消耗

带宽消耗攻击的本质就是攻击者消耗掉到达某个网络的所有可用带宽。这种攻击可以发生在局域网上，不过更常见的是攻击者远程消耗资源。达到这一目的有两种方法：一种方法是攻击者通过使用更多的带宽造成受害者网络的拥塞；另一种方法是攻击者通过征用多个站点集中拥塞受害者的网络连接来放大DoS攻击效果，这样带宽消耗攻击者就能够轻易地汇集相当高的带宽，成功地实现对目标站点的完全堵塞。

2.系统资源消耗

攻击者通过盗用、滥用目标主机的资源访问权，消耗目标主机的CPU利用率、内存、文件系统限额和系统进程总数之类的系统资源，造成文件系统变慢、进程被挂起直至系统崩溃，从而使合法用户无法使用系统的资源。

3.编程缺陷

攻击者利用应用程序、操作系统或嵌入式逻辑芯片在处理异常情况时的失败，而向目标主机发送非常规的数据包分组，导致内核发生混乱，从而使系统崩溃。

4.路由和DNS攻击

在基于路由的DoS攻击中，攻击者操纵路由表项以拒绝向合法系统或网络提供服务。例如，路由信息协议和边界网关协议之类较早版本的路由协议，没有或只有很弱的认证机制，这就给攻击者变换合法路径提供了良好的前提，往往通过假冒源IP地址就能创建DoS攻击。这种攻击的后果是受害者网络的分组或者经由攻击者的网络路由，或者被路由到不存在的黑洞网络上。

（二）拒绝服务攻击原理

1.DoS的攻击原理

DoS的攻击方式有很多种，最基本的DoS攻击就是利用合理的服务请求来占用过多的服务资源，从而使合法用户无法得到服务。DoS攻击的基本过程：首先攻击者向服务器发送众多的带有虚假地址的请求，服务器发送回复信息后等待回传信息，由于地址是伪造的，所以服务器一直等不到回传的消息，分配给这次请求的资源就始终没有被释放。当服务器等待一定的时间后，连接会因超时而被切断，攻击者会再度传送一批新的请求，在这种反复发送伪地址请求的情况下，服务器资源最终会被耗尽。

2.DDoS的攻击原理

DDoS（Distributed Denial of Service，分布式拒绝服务）是一种基于DoS的特殊形式的拒绝服务攻击，是一种分布协作的大规模攻击方式，主要瞄准比较大的站点，像商业公司、搜索引擎和政府部门的站点等。DoS攻击只要一台单机和一个Modem就可实现；而DDoS攻击是利用一批受控制的机器向一台机器发起攻击，这样来势迅猛的攻击令人难以防备，因此具有较大的破坏性。

攻击者所用的计算机是攻击主控台，可以是网络上的任何一台主机，甚至可以是一个活动的便携机。攻击者操纵整个攻击过程，它向主控端发送攻击命令。

主控端是攻击者非法侵入并控制的一些主机，这些主机还分别控制大量的代理主机。主控端主机的上面安装了特定的程序，因此它们可以接收攻击者发来的特殊指令，并且可以把这些指令发送到代理主机上。

代理端同样也是攻击者侵入并控制的一批主机。它们运行攻击器程序，接收和运行主控端发来的命令。代理端主机是攻击的执行者，真正向受害者主机发起攻击。攻击者发起DDoS攻击的第一步，就是寻找在Internet上有漏洞的主机，进入系统后在其上面安装后门程序；攻击者入侵的主机越多，其攻击队伍就越壮大。第二步在入侵主机上安装攻击程序，其中一部分主机充当攻击的主控端，一部分主机充当攻击的代理端。最后各部分主机各司其职，在攻击者的调遣下对攻击对象发起攻击。由于攻击者在幕后操纵，所以在攻击时不会受到监控系统的跟踪，身份不容易被发现。

（三）常见的拒绝服务攻击方法与防御措施

DoS攻击是最容易实施的攻击行为，常见的DoS工具有：Smurf攻击、UDP洪水攻击、SYN洪水攻击、泪滴（Teardrop）攻击、Land攻击、死亡之Ping、Fraggle攻击、电子邮件炸弹、畸形消息攻击、DDoS攻击等。下面分别介绍这些黑客经常使用的拒绝服务攻击方法与防御措施。

1.Smurf攻击

原理：一个简单的Smurf攻击可以通过将回复地址设置成受害网络的广播地址，使用ICMP应答请求、Ping数据包来淹没受害主机的方式进行，最终导致该网络的所有主机都对此ICMP应答请求做出答复，导致网络阻塞，比死亡之Ping洪水的流量高出一个或两个数量级。更加复杂的Smurf攻击将源地址改为第三方的受害者，最终导致第三方　雪崩。

防御：为了防止黑客利用网络攻击他人，关闭外部路由器或防火墙的广播地址特性。为防止被攻击，在防火墙上设置规则，丢弃ICMP包。

2.UDP洪水攻击

原理：UDP洪水攻击是导致基于主机的服务拒绝攻击的一种。UDP是一种无连接的协议，而且它不需要用任何程序建立连接来传输数据。当攻击者随机地向受害系统的端口发送UDP数据包时，就可能发生了UDP洪水攻击。当受害系统接收到一个UDP数据包时，它会确定目的端口正在等待中的应用程序。当发现该端口中并不存在正在等待的应用程序，它就会产生一个目的地址无法连接的ICMP数据包发送给该伪造的源地址。当向受害者计算机端口发送了足够多的UDP数据包时，整个系统就会瘫痪。

防御：关掉不必要的TCP/IP服务，或者对防火墙进行配置，阻断来自Internet的请求这些服务的UDP请求。

3.SYN洪水攻击

原理：一些TCP/IP栈的实现只能等待从有限数量的计算机发来的ACK消息，因为它们只有有限的内存缓存区用于创建连接，如果这一缓冲区充满了虚假连接的初始信息，该服务器就会对接下来的连接停止响应，直到缓冲区里的连接超时。在一些创建连接不受限制的实现里，SYN洪水具有类似的影响。

防御：在防火墙上过滤来自同一主机的后续连接。未来的SYN洪水令人担忧，由于释放SYN洪水主机的并不寻求响应，所以无法将其从一个简单高容量的传输中鉴别出来。

4.泪滴攻击

原理：Teardrop是基于UDP的病态分片数据包的攻击方法，其工作原理是向被攻击者发送多个分片的IP包（IP分片数据包中包括该分片数据包属于哪个数据包及在数据包中的位置等信息），某些操作系统收到含有重叠偏移的伪造分片数据包时将会出现系统崩溃、重启等现象。

防御：服务器应用最新的服务包，或者在设置防火墙时对分段进行重组，而不是转发它们。

5.Land攻击

原理：使用一个特别打造的SYN包，它的源地址和目标地址都被设置成某一个服务器地址，这将导致接收服务器向它自己的地址发送SYN-ACK消息，结果这个地址又发回ACK消息并创建一个空连接，每一个这样的连接都将保留直到超时。不同的操作系统对Land攻击的反应不同，不少UNIX系统受到攻击后就会崩溃，而Windows NT会变得极其缓慢。

防御：打最新的补丁，或者在防火墙进行配置，将那些在外部接口上入栈的含有内部源地址过滤掉（包括10域、127域、192.168域、172.16域、172.31域）。

6.死亡之Ping

原理：由于在早期的阶段，路由器对包的最大尺寸都有限制，许多操作系统对TCP/IP栈的实现在ICMP包上都是规定为64KB，并且在对包的标题头进行读取之后，要根据该标题头里包含的信息来为有效载荷生成缓冲区。攻击者发送一个长度超过64KB的

EchoRequest数据包，目标主机在重组分片时会造成事先分配的64KB缓冲区溢出，就会出现内存分配错误，导致TCP/IP堆栈崩溃，致使接收方死机。

防御：现在所有的标准TCP/IP实现都已实现对付超大尺寸的包，并且大多数防火墙能够自动过滤这些攻击，包括从Windows 98之后的Windows XP/7/10，Linux、Solaris和Mac OS都具有抵抗一般死亡之Ping攻击的能力。此外，对防火墙进行配置，阻断ICMP以及任何未知协议，都能防止此类攻击。

7.Fraggle攻击

原理：Fraggle攻击对Smurf攻击作了简单的修改，使用的是UDP应答消息而非ICMP。

防御：在防火墙上过滤掉UDP应答消息。

8.电子邮件炸弹

原理：电子邮件炸弹是最古老的匿名攻击之一，通过设置使一台机器不断大量地向同一地址发送电子邮件，攻击者能够耗尽接收者网络的宽带。由于这种攻击方式简单易用，也有很多发匿名邮件的工具，而且只要对方获悉你的电子邮件地址就可以进行攻击，所以这是最应防范的一个攻击手段。

防御：对邮件地址进行配置，自动删除来自同一主机的过量或重复的消息。

9.畸形消息攻击

原理：目前无论是Windows、UNIX、Linux等各类操作系统上的许多服务都存在安全隐患问题，由于这些服务在处理信息之前没有进行适当正确的错误校验，所以一旦收到畸形的信息就有可能会崩溃。

防御：打最新的服务补丁。

六、IP欺骗攻击

IP欺骗是适用于TCP/IP环境的一种复杂的技术攻击，它由若干部分组成。目前，在Internet领域中，它成为黑客攻击时采用的一种重要手段，因此有必要充分了解它的工作原理和防范措施，以充分保护自己的合法权益。

（一）IP欺骗原理

1.信任关系

IP欺骗是利用了主机之间的正常信任关系来发动的，所以在介绍IP欺骗攻击之前，先说明一下什么是信任关系以及信任关系是如何建立的。

在UNIX领域中，信任关系能够很容易得到。假如在主机A和B上各有一个Alice账户，在使用当中会发现，在主机A上使用时需要输入Alice在A上的相应账户，在主机B上使用时Alice必须输入它在B上的账户，主机A和B把Alice当作两个互不相关的用户，显然有些不便。为了减少这种不便，可以在主机A和主机B中建立起两个账户的相互信任关系。在主机A和主机B上Alice的home目录中创建.rhosts文件。从主机A上，在Alice的home

目录中输入‘echo“Busername”>~/.rhosts’；从主机B上，在Alice的home目录中输入‘echo“Ausername”>~/.rhosts’。这时就能毫无阻碍地使用任何以r*开头的远程登录，如rlogin，rcall，rsh等，而无口令验证的烦恼。这些命令将允许以地址为基础的验证，或者允许或者拒绝以IP地址为基础的存取服务。这里的信任关系是基于IP地址的。

当/etc/hosts.equiv中出现一个“+”或者$HOME/.rhosts中出现“++”时，表明任意地址的主机可以无须口令验证而直接使用r命令登录此主机，这是十分危险的，而这偏偏又是某些管理员不重视的地方。下面看一下rlogin的用法。

rlogin是一个简单的客户-服务器程序，它利用TCP传输。rlogin允许用户从一台主机登录到另一台主机上，并且，如果目标主机信任它，rlogin将允许在不应答口令的情况下使用目标主机上的资源。安全验证完全是基于源主机的IP地址。因此，根据以上所举的例子，能利用rlogin从B远程登录到A，而且不会被提示输入口令。

2.IP欺骗的理论

根据看到上面的说明，每个黑客都会想道：既然主机A和主机B之间的信任关系是基于IP地址建立起来的，那么假如能够冒充主机B的IP，就可以使用rlogin登录到主机A，而不需任何口令验证。这就是IP欺骗的最根本的理论依据。

但是，事情远没有想象中那么简单。虽然可以通过编程的方法随意改变发出包的IP地址，但TCP协议对IP进行了进一步的封装，它是一种相对可靠的协议，不会让黑客轻易得逞。先来看一下一次正常的TCP/IP会话的建立过程。

在TCP/IP协议中，TCP协议提供可靠的连接服务，采用三次握手建立一个连接。

第一次握手：B发送带有SYN标志的数据段通知A需要建立TCP连接，并将TCP报头中的序列号设置成自己本次连接的初始值ISNB。

第二次握手：A回传给B一个带有SYN+ACK标志的数据段，告之自己的ISNA，并确认B发送来的第一个数据段，将ACK设置成B的ISNB+1。

第三次握手：B确认收到的A的数据段，将ACK设置成A的ISNA+1。

TCP使用的数据包序列号是一个32位的计数器，计数范围为0～4294967295。TCP为每一个连接选择一个初始序列号ISN（Initial Sequence Number），为了防止因为延迟、重传等事件对三次握手过程的干扰，ISN不能随便选取，不同系统有不同算法。对于IP欺骗攻击来说，最重要的就是理解TCP如何分配ISN，以及ISN随时间变化的规律。在此规定这一32位的序列号之值每隔4ms加1。在UNIX中，初始序列号是由tcpinit()函数确定的。ISN值每秒增加128000，如果有连接出现，每次连接将把计数器的数值增加64000，这使得用于表示ISN的32位计数器在没有连接的情况下，每9.32小时复位一次。这样将有利于最大限度地减少旧有连接的信息干扰当前连接的机会。

非常重要的一点就是对ISN的选择算法。事实上，由于ISN的选择不是随机的，而是有规律可循的，这就为黑客欺骗目标系统创造了条件。很多进行IP欺骗的黑客软件也主要着眼于计算ISN和伪造数据包这两个方面。

由于IP欺骗技术是针对协议本身的缺陷来实现的，所以其影响范围也十分广泛。

3.IP欺骗的攻击过程

IP欺骗由若干步骤组成，这里先简要地描述一下，随后再做详尽的解释。先做以下假定：首先，目标主机已经选定；其次，信任模式已被发现，并找到了一个被目标主机信任的主机。黑客为了进行IP欺骗，进行以下工作：使得被信任的主机丧失工作能力，同时对目标主机发出的TCP序列号进行采样，猜测出它的数据序列号。然后伪装成被信任的主机，同时建立起与目标主机基于地址验证的应用连接。如果成功，黑客可以使用一种简单的命令放置一个系统后门，以进行非授权操作。

（1）使被信任主机丧失工作能力。一旦发现被信任的主机，为了伪装成它，往往使其丧失工作能力。由于攻击者将要代替真正的被信任主机，他必须确保真正被信任的主机不能接收到任何有效的网络数据，否则将会被揭穿。有许多方法可以做到这些，如前面介绍的DoS攻击。

（2）序列号取样和猜测。前面已经提到，要对目标主机进行攻击，必须知道目标主机使用的数据包序列号。现在来介绍黑客是如何进行预测的。他们先与被攻击主机的一个端口（SMTP是一个很好的选择）建立起正常的连接。通常，这个过程被重复若干次，并将目标主机最后所发送的ISN存储起来。黑客还需要估计他的主机与被信任主机之间的往返延时时间（Round-Trip Time，RTT），这个RTT时间是通过多次统计平均求出的。RTT对于估计下一个ISN是非常重要的。前面已经提到每秒ISN增加128000，每次连接增加64000。现在就不难估计出ISN的大小了，它是128000乘以RTT的一半，如果此时目标主机刚刚建立过一个连接，那么再加上一个64000。再估计出ISN大小后，立即就可以开始进行攻击。当黑客的虚假TCP数据包进入目标主机时，根据估计的准确度不同，会发生不同的情况：

①如果估计的序列号是准确的，进入的数据将被放置在接收缓冲器以供使用；

②如果估计的序列号小于期待的数字，那么将被放弃；

③如果估计的序列号大于期待的数字，并且在滑动窗口（前面讲的缓冲）之内，那么该数据被认为是一个未来的数据，TCP模块将等待其他缺少的数据。如果估计的序列号大于期待的数字，并且不在滑动窗口（前面讲的缓冲）之内，那么TCP将会放弃该数据并返回一个期望获得的数据序列号。下面将要提到，黑客的主机并不能收到返回的数据序列号。

IP攻击基本过程如下：

攻击者Z伪装成被信任主机B的IP地址，此时，该主机B仍然处在停顿状态（前面讲的丧失处理能力），然后向目标主机A的513端口（rlogin的端口号）发送连接请求。

目标主机A对连接请求做出反应，发送SYN/ACK数据包给被信任主机B（如果被信任主机处于正常工作状态，那么会认为是错误并立即向目标主机返回RST数据包，但此时它处于停顿状态）。按照计划，被信任主机B会抛弃该SYN/ACK数据包。

攻击者向目标主机发送ACK数据包，该ACK使用前面估计的序列号加1（因为是在确认）。如果攻击者估计正确的话，目标主机将会接收该ACK。

至此，将开始数据传输。一般地，攻击者将在系统中放置一个后门，以便侵入。经常会使用‘cat++>>~/.rhosts’。之所以这样，是因为这个办法迅速、简单地为下一次侵入铺平了道路。

（二）IP欺骗的防止

1.抛弃基于地址的信任策略

阻止IP欺骗的一种非常容易的办法就是放弃以地址为基础的验证。不允许r*类远程调用命令的使用，删除.rhosts文件，清空/etc/hosts.equiv文件。这将迫使所有用户使用其他远程通信手段，如Telnet，SSH，Skey，等等。

2.进行包过滤

如果网络是通过路由器接入Internet的，那么可以利用路由器来进行包过滤。确信只有内部LAN可以使用信任关系，而内部LAN上的主机对于LAN以外的主机要慎重处理。路由器可以帮助滤掉所有来自于外部而希望与内部建立连接的请求。

3.使用加密方法

阻止IP欺骗的另一种明显的方法是在通信时要求加密传输和验证。当有多种手段并存时，可能加密方法最为适用。

4.使用随机化的初始序列号

黑客攻击得以成功实现的一个很重要的因素就是，序列号不是随机选择的或者随机增加的。Bellovin描述了一种弥补TCP不足的方法，就是分割序列号空间。每个连接将有自己独立的序列号空间。序列号将仍然按照以前的方式增加，但是在这些序列号空间中没有明显的关系。可以通过下列公式来说明：

ISN=M＋F（localhost，localport，remotehost，remoteport），M为4ms定时器，F为加密Hash函数。F产生的序列号，对于外部来说是不应该能够被计算出或者被猜测出的。Bellovin建议F是一个结合连接标识符和特殊矢量（随机数，基于启动时间的密码）的Hash函数。

七、特洛伊木马攻击

特洛伊木马（以下简称木马）的名称取自希腊神话。完整的木马程序一般由两个部分组成：一个是服务器程序，另一个是控制器程序。“中了木马”就是指安装了木马的服务器程序，若计算机被安装了服务器程序，则拥有控制器程序的人就可以通过网络控制计算机为所欲为，这时计算机上的各种文件、程序，以及在计算机上使用的账号、密码就无安全可言了。

（一）木马的原理

1.木马植入

目前木马入侵的主要途径还是先通过一定的方法把木马执行文件植入被攻击者的计算机系统里，植入的途径有邮件附件、浏览网页、下载软件等，然后通过一定的提示故意误导被攻击者打开执行文件，比如故意谎称这个木马执行文件是朋友送的贺卡，可能打开这个文件后，确实有贺卡的画面出现，但这时可能木马已经悄悄在后台运行了。一般的木马执行文件非常小，大部分都是几kB到几十kB，如果把木马捆绑到其他正常文件上，很难发现，所以，有一些网站提供的软件下载往往是捆绑了木马文件的，执行这些下载文件的同时也运行了木马。

木马也可以通过Script、ActiveX及Asp.CGI交互脚本的方式植入，由于微软的浏览器在执行Script脚本上存在一些漏洞，攻击者可以利用这些漏洞传播病毒和木马，甚至直接对浏览者计算机进行文件操作等控制。前不久出现一个利用微软Scripts脚本漏洞对浏览者硬盘进行格式化的HTML页面。如果攻击者有办法把木马执行文件下载到攻击主机的一个可执行WWW目录夹里面，他可以通过编制CGI程序在攻击主机上执行木马目录。此外，木马还可以利用系统的一些漏洞进行植入，如微软著名的IIS服务器溢出漏洞，通过一个IISHACK攻击程序即可使IIS服务器崩溃，并且同时攻击服务器，执行远程木马执行文件。

2.木马的隐藏方式

（1）在任务栏里隐藏。在Windows系统中运行程序，一定会在Windows的任务栏里出现该程序的图标，若出现一个莫名其妙的图标，很容易就可以判断出是木马程序。因此，木马程序通常要采取手段以在任务栏里隐藏自己，编程实现在任务栏中的隐藏是很容易的。例如以VB为例，只要把from的Visible属性设置为False，Show In Task Bar设为False程序就不会出现在任务栏 里了。

（2）在任务管理器里隐藏。要查看正在运行的进程，最简单的方法就是按下Ctrl+Alt+Del组合键，调出任务管理器。如果按下Ctrl+Alt+Del键木马程序也出现在任务管理器里面，就很容易被发现。所以，木马会千方百计地伪装自己，使自己不出现在任务管理器里。木马制造者只要把木马程序设为“系统服务”就可以不出现在任务管理器里。

（3）端口。一台机器有65536个端口，一般用户只会用到1024以下的端口，大多数木马使用的端口在1024以上，而且呈越来越大的趋势；这样木马占用的端口就不会与用户发生冲突，也就不容易被发现。当然也有占用1024以下端口的木马，但这些端口是常用端口，占用这些端口可能会造成系统不正常，这样的话木马就会很容易暴露。

（4）隐藏通信。隐藏通信也是木马经常采用的手段之一。任何木马运行后都要和攻击者进行通信连接，或者通过即时连接，如攻击者通过客户端直接接入被植入木马的主机，或者通过间接通信，如通过电子邮件的方式，木马把侵入主机的敏感信息送给攻击者。现在大部分木马一般在占领主机后，会在1024以上不易发现的高端口上驻留。有一些木马会选择一些常用的端口，如80、23，有一种非常先进的木马还可以做到在占领80HTTP端口后，收到正常的HTTP请求仍然把它交予Web服务器处理，只有收到一些特殊约定的数据包后，才调用木马程序。

（5）隐藏加载方式。木马程序的加载通常是悄无声息地进行，当然不会指望用户每次启动后单击"木马"图标来运行服务端，木马会在每次用户启动时自动装载服务端，Windows系统启动时自动加载应用程序的方法，木马都会用上，如启动组、win.ini、system.ini、注册表等都是"木马"藏身的好地方。

3.木马程序建立连接技术

木马在被植入攻击主机后，它一般会通过一定的方式把入侵主机的信息，如主机的IP地址、木马植入的端口等发送给攻击者，攻击者用这些信息才能够与木马里应外合控制攻击主机。这样就必须建立与控制端的连接，连接方法有很多种，其中最常见的要属TCP，UDP传输数据的方法了，通常是利用Winsock与目标主机的指定端口建立起连接，使用send和recv等API进行数据的传递，但是由于这种方法的隐蔽性比较差，往往容易被一些工具软件查看到，最简单的，比如在命令行状态下使用netstat命令，就可以查看到当前的活动TCP，UDP连接。因此，一般木马程序都采取了一些躲避侦察手段。

（1）合并端口法。使用特殊的手段，在一个端口上同时绑定两个TCP或者UDP连接，通过把自己的木马端口绑定于特定的服务端口之上（如80端口的HTTP），从而达到隐藏端口的目的。

（2）使用ICMP协发送数据。原理是修改ICMP头的构造，加入木马的控制字段，这样的木马具备很多新的特点：不占用端口，使用户难以发觉，同时，使用ICMP可以穿透一些防火墙，从而增加防范的难度。之所以具有这种特点，是因为ICMP不同于TCP，UDP和ICMP工作于网络的应用层不使用TCP协议。

（3）反弹端口连接模式。普通的木马都是由客户端（控制端）发送请求服务端（被控制端）来连接，但有些另类的木马就不是这样，它由服务端（被控制端）向客户端（控制端）发送请求。这样做有什么好处呢？大家知道，网络防火墙都有监控网络的作用，但它们大多都只监控由外面进来的数据，对由里向外的数据却不闻不问。反弹端口木马正好利用了这一点来躲开网络防火墙的阻挡，以使自己顺利完成任务。大名鼎鼎的"网络神偷"就是这样一类木马。它由服务端（被控制端）发送一个连接请求，客户端（控制端）的数据在经过防火墙时，防火墙会以为是发出去的正常数据（一般向外发送的数据，防火墙都以为是正常的）的返回信息，于是不予拦截，这就给了它可钻的空子。

4.木马的装载运行技术

（1）自动启动。木马一般会存在三个地方：注册表、win.ini和system.ini，这是因为计算机启动时，需要装载这三个文件。

（2）捆绑方式启动。木马phAse1.0版本和NetBus1.53版本就能以捆绑方式装到目标计算机上，它可以捆绑到启动程序或一般常用程序上。捆绑方式是一种手动的安装方式。非捆绑方式的木马因为会在注册表等位置留下痕迹，所以，很容易被发现，而捆绑木马可以由黑客自己确定捆绑方式、捆绑位置、捆绑程序等，位置的多变使木马有很强的隐蔽性。

（3）修改文件关联。修改文件关联如用木马取代notepad.exe来打开txt文件。

5.木马的远程控制技术

远程控制实际上是包含有服务器端和客户端的一套程序，服务器端程序驻留在目标计算机里，随着系统启动而自行启动。此外，使用传统技术的程序会在某端口进行监听，若接收到数据就对其进行识别，然后按照识别后的命令在目标计算机上执行一些操作（如窃取口令，拷贝或删除文件，重启计算机等）。

攻击者一般在入侵成功后，将服务端程序拷贝到目标计算机中，并设法使其运行，从而留下后门。日后，攻击者就能够通过运行客户端程序来对目标计算机进行操作。

（二）木马的防治

在对付特洛伊木马程序方面，有以下几种办法。

1.提高防范意识

不要打开陌生人邮件中的附件，哪怕他说得天花乱坠，熟人的也要确认一下来信的原地址是否合法。

2.多读readme.txt文件

许多人出于研究目的下载了一些特洛伊木马程序的软件包，在没有弄清软件包中几个程序的具体功能前，就匆匆地执行其中的程序，这样往往就错误地执行了木马的服务器端程序而使用户的计算机成为特洛伊木马的牺牲品。软件包中经常附带的readme.txt文件会有程序的详细功能介绍和使用说明，有必要养成在安装使用任何程序前先读readme.txt的好习惯。

值得一提的是，有许多程序说明做成可执行的readme.exe形式，readme.exe往往捆绑有病毒或特洛伊木马程序，或者干脆就是由病毒程序、特洛伊木马的服务器端程序改名而得到的，目的就是让用户误以为是程序说明文件去执行它，所以从互联网上得来的readme.exe最好不要执行它。

3.使用杀毒软件

现在国内的杀毒软件都推出了清除某些特洛伊木马的功能，可以不定期地在脱机的情况下进行检查和清除。另外，有的杀毒软件还提供网络实时监控功能，这一功能可以在黑客从远端执行用户机器上的文件时，提供报警或让执行失败，使黑客向用户机器上载可执行文件后无法正确执行，从而避免了进一步的损失。但它也不是万能的。

4.立即挂断

尽管造成上网速度突然变慢的原因有很多，但有理由怀疑这是由特洛伊木马造成的，当入侵者使用特洛伊木马的客户端程序访问目标主机时，会与正常访问抢占宽带，特别是当入侵者从远端下载用户硬盘上的文件时，正常访问会变得奇慢无比。这时，可以双击任务栏右下角的连接图标，仔细观察一下“已发送字节 ”项，如果数字变化成1~3Kbps（每秒1~3千字节 ），几乎可以确认有人在下载硬盘文件，除非正在使用FTP上传功能。对TCP/IP端口熟悉的用户，可以在“MS-DOS方式”下输入“netstat-a”命令来观察与主机相连的当前所有通信进程，当有具体的IP正使用不常见的端口（一般大于1024）通信时，这一端口很可能就是特洛伊木马的通信端口。当发现上述可疑迹象后，立即挂断，然后对硬盘有无特洛伊木马进行认真的检查。

5.观察目录

普通用户应当经常观察位于c:\，c:\windows和c:\windows\system这三个目录下的文件。用“记事本”逐一打开c:\下的非执行类文件（除exe、bat、com以外的文件），查看是否发现特洛伊木马、击键程序的记录文件，在c:\Windows或c:\Windows\system下如果存在只有文件名而没有图标的可执行程序，应该把它们删除，然后再用杀毒软件进行认真清理。

6.备份

在删除木马之前，最最重要的一项工作是备份，需要备份注册表，防止系统崩溃，备份认为是木马的文件，如果不是木马就可以恢复，如果是木马就可以对木马进行分析。

第二节 安全防护技术

随着计算机及网络的发展，其开放性、共享性、互连程度扩大，计算机和网络的重要性和对社会的影响也越来越大。由于计算机及网络本身有其脆弱性，会受到各种威胁和攻击。必须采取有效的方法对计算机进行防护，计算机安全的防护涉及多方面的内容，本章主要从技术角度介绍计算机安全防护方面的知识，学习内容包括：防火墙技术、入侵检测技术、VPN技术、漏洞扫描技术等。

一、防火墙技术

防火墙原是建筑物里用来防止火灾蔓延的隔断墙，在这里引申为保护内部网络安全的一道防护墙，是网络安全政策的有机组成部分，它通过控制和监测网络之间的信息交换和访问行为来实现对网络安全的有效管理。

从本质上来说，防火墙是一种保护装置，是设置在被保护网络和外部网络之间的一道屏障，以防止发生不可预测的、潜在破坏性的侵入。

在逻辑上，防火墙是一个分离器，一个限制器，也是一个分析器，有效地监控了内部网和Internet之间的任何活动，保证了内部网络的安全。

（一）防火墙概述

防火墙是由软件和硬件设备组合而成的，在内部网和外部网之间、专用网与公共网之间的界面上构造的保护屏障，是一种获取安全性方法的形象说法，它是一种计算机硬件和软件的结合，使Internet与Intranet之间建立起一个安全网关（Security Gateway），从而保护内部网免受非法用户的侵入。防火墙主要由服务访问规则、验证工具、包过滤和应用网关4个部分组成。

1.防火墙的基本特性

典型的防火墙具有以下三个方面的基本特性。

（1）内部网络和外部网络之间的所有网络数据流都必须经过防火墙。这是防火墙所处网络位置的特性，同时也是一个前提。因为只有当防火墙是内、外部网络之间通信的唯一通道，才可以全面、有效地保护企业内部网络不受侵害。根据美国国家安全局制定的《信息保障技术框架》，防火墙适用于用户网络系统的边界，属于用户网络边界的安全保护设备。所谓网络边界即是采用不同安全策略的两个网络连接处，比如用户网络与Internet之间连接、与其他业务往来单位的网络连接、用户内部网络不同部门之间的连接等。防火墙的目的就是在网络连接之间建立一个安全控制点，通过允许、拒绝或重新定向经过防火墙的数据流，实现对进、出内部网络的服务和访问的审计和控制。防火墙的一端连接企事业单位内部的局域网，而另一端则连接着因特网。所有的内、外部网络之间的通信都要经过防火墙。

（2）只有符合安全策略的数据流才能通过防火墙。防火墙最基本的功能是确保网络流量的合法性，并在此前提下将网络的流量快速地从一条链路转发到另外的链路上。现从最早的防火墙模型开始谈起，原始的防火墙是一台“双穴主机”，即具备两个网络接口，同时拥有两个网络层地址。防火墙将网络上的流量通过相应的网络接口接收上来，按照OSI协议栈的七层结构顺序上传，在适当的协议层进行访问规则和安全审查，然后将符合通过条件的报文从相应的网络接口送出，而对于那些不符合通过条件的报文则予以阻断。因此，从这个角度上来说，防火墙是一个类似于桥接或路由器的、多端口的（网络接口≥2）转发设备，它跨接于多个分离的物理网段之间，并在报文转发过程中完成对报文的审查工作。

（3）防火墙自身具有非常强的抗攻击免疫力。这是防火墙之所以能担当企业内部网络安全防护重任的先决条件。防火墙处于网络边缘，它就像一个边界卫士一样，每时每刻都要面对黑客的入侵，这样就要求防火墙自身要具有非常强的抗击入侵本领。它之所以具有这么强的本领，防火墙操作系统本身是关键，只有自身具有完整信任关系的操作系统才可以谈论系统的安全性。其次就是防火墙自身具有非常低的服务功能，除了专门的防火墙嵌入系统外，再没有其他应用程序在防火墙上运行。当然这些安全性也只能说是相对的。

2.防火墙的功能

简单而言，防火墙是位于一个或多个安全的内部网络和非安全的外部网络（如Internet）之间进行网络访问控制的网络设备。防火墙的目的是防止不期望的或未授权的用户和主机访问内部网络，确保内部网正常、安全地运行。通俗来说，防火墙决定了哪些内部服务可以被外界访问，外界的哪些人可以访问内部的服务，以及哪些外部服务可以被内部人员访问。防火墙必须只允许授权的数据通过，而且防火墙本身也必须能够免于渗透。可以认为，在引入防火墙之后内部网和外部网的划分边界是由防火墙决定的，必须保证内部网和外部网之间的通信经过防火墙进行，同时还需要保证防火墙自身的安全；防火墙是实施内部网安全策略的一部分，保证内部网的正常运行不受外部干扰。

一般说来，防火墙具有以下几种功能：

（1）限定内部用户访问特殊站点；

（2）防止未授权用户访问内部网络；

（3）允许内部网络中的用户访问外部网络的服务和资源而不泄露内部网络的数据和资源；

（4）记录通过防火墙的信息内容和活动；

（5）对网络攻击进行监测和报警。

3.防火墙发展简史

防火墙是网络安全政策的有机组成部分。1983年，第一代防火墙诞生，到今天为止，已经推出了第五代防火墙。

第一代防火墙：1983年第一代防火墙技术出现，它几乎是与路由器同时问世的。它采用了包过滤（Packet Filter）技术，可称为简单包过滤（静态包过滤）防火墙。

第二代、第三代防火墙：1989年，贝尔实验室的DavePresotto和HowardTrickey推出了第二代防火墙，即电路层防火墙，同时提出了第三代防火墙——应用层防火墙（代理防火墙）的初步结构。

第四代防火墙：1992年，USC信息科学院的BobBraden开发出了基于动态包过滤

（Dynamic Packet Filter）技术的第四代防火墙，后来演变为目前所说的状态监视（Stateful Inspection）技术。1994年，以色列的CheckPoint公司开发出了第一个采用这种技术的商业化的产品。

第五代防火墙：2008年，NAI公司推出了一种自适应代理（Adaptive Proxy）技术，并在其产品Gauntlet Firewall for NT中得以实现，给代理类型的防火墙赋予了全新的意义。截至2016年年底，世界上广泛采用的防火墙都属于第五代防火墙技术，随着网络技术的不断进步，新的防火墙技术也正在研发当中。

（二）防火墙的实现技术与种类

当前所采用的防火墙技术共分为三类：包过滤防火墙、应用代理网关技术防火墙和状态检测防火墙。

1.包过滤防火墙

包过滤防火墙是防火墙中的初级产品，其技术依据是网络中的分包传输技术。我们知道，网络上的数据都是以“包”为单位进行传输的，数据被分割成为一定大小的数据包，而这些数据包中都会含有一些特定的头信息，如该包的源地址、目的地址、TCP/UDP源端口和目的端口等。包过滤防火墙将对每个接收到的包做出允许或拒绝的决定。具体地讲，它针对每一个数据包的包头，按照包过滤规则进行判定，与规则相匹配的包依据路由信息继续转发，否则就丢弃。包过滤是在IP层实现的，包过滤根据数据包的源IP地址、目的IP地址、协议类型（TCP包、UDP包、ICMP包）、源端口、目的端口等报头信息及数据包传输方向等信息来判断是否允许数据包通过。

数据包过滤一般使用过滤路由器来实现，这种路由器与普通的路由器有所不同。普通的路由器只检查数据包的目的地址，并选择一个达到目的地址的最佳路径。它处理数据包是以目的地址为基础的，存在着两种可能性：若路由器可以找到一个路径到达目的地址则发送出去；若路由器不知道如何发送数据包则通知数据包的发送者“数据包不可达”。

过滤路由器会更加仔细地检查数据包，除了决定是否有到达目的地址的路径外，还要决定是否应该发送数据包。“应该与否”是由路由器的过滤策略决定并强行执行的。

包过滤技术的优点：对于一个小型的、不太复杂的站点，包过滤比较容易实现；因为过滤路由器工作在IP层和TCP层，所以处理包的速度比代理服务器快；过滤路由器为用户提供了一种透明的服务，用户不需要改变客户端的任何应用程序，也不需要用户学习任何新的东西；过滤路由器在价格上一般比代理服务器便宜。包过滤技术的缺点如下：在机器中配置包过滤规则比较困难；对包过滤规则设置的测试也很麻烦；许多产品的包过滤功能有这样或那样的局限性，要找一个比较完整的包过滤产品很难。

2.应用代理网关技术防火墙

应用代理网关技术通常也称作应用级防火墙。前面介绍的包过滤防火墙可以按照IP地址来禁止未授权者的访问，但是它不适合单位用来控制内部人员访问外界的网络，对于这样的企业来说应用代理网关防火墙是更好的选择。应用代理网关防火墙可以彻底隔断内网与外网的直接通信，内网用户对外网的访问变成防火墙对外网的访问，然后再由防火墙转发给内网用户。所有通信都必须经应用层代理软件转发，任何时候访问者都不能与服务器建立直接的TCP连接，应用层的协议会话过程必须符合代理的安全策略要求。

应用代理网关的优点是可以检查应用层、传输层和网络层的协议特征，对数据包的检测能力比较强，缺点也非常突出，主要有以下几点。

（1）难以配置。由于每个应用都要求单独的代理进程，这就要求网管能理解每项应用协议的弱点，并能合理地配置安全策略，由于配置烦琐，难于理解，容易出现配置失误，最终影响内网的安全防范能力。

（2）处理速度非常慢。断掉所有的连接而由防火墙重新建立连接，理论上可以使应用代理防火墙具有极高的安全性，但是实际应用中并不可行。因为对于内网的每个Web访问请求，应用代理都需要开一个单独的代理进程，它要保护内网的Web服务器、数据库服务器、文件服务器、邮件服务器及业务程序等，就需要建立一个个的服务代理，以处理客户端的访问请求。这样，应用代理的处理延迟会很大，内网用户的正常Web访问不能及时得到响应。

3.状态检测技术防火墙

我们知道，Internet上传输的数据都必须遵循TCP/IP协议，根据TCP协议，每个可靠连接的建立都需要经过“客户端同步请求”“服务器应答”“客户端再应答”三个阶段（三次握手），我们最常用到的Web浏览、文件下载、收发邮件等都要经过这三个阶段。这反映出数据包并不是独立的，而是前后之间有着密切的状态联系，基于这种状态变化，引出了状态检测技术。

状态检测防火墙摒弃了包过滤防火墙，仅考查数据包的IP地址等几个参数，而不关心数据包连接状态变化的缺点，在防火墙的核心部分建立状态连接表，并将进出网络的数据当成一个个的会话，利用状态表跟踪每个会话状态。状态检测对每个包的检查不仅根据规则表，更考虑了数据包是否符合会话所处的状态，因此提供了完整的对传输层的控制能力。

前面介绍的应用代理网关技术防火墙的主要缺点是处理的流量有限，状态检测技术在提高安全防范能力的同时也改进了流量处理速度。状态检测技术采用了一系列优化技术，使防火墙性能大幅度提升，能应用在各类网络环境中，尤其是在一些规则复杂的大型网络上。

状态检测技术是防火墙近几年才应用的新技术，采用的是一种基于连接的状态检测机制，将属于同一连接的所有包作为一个整体的数据流看待，构成连接状态表，通过规则表与状态表的共同配合，对表中的各个连接状态因素加以识别。这里动态连接状态表中的记录可以是以前的通信信息，也可以是其他相关应用程序的信息，因此，与传统包过滤防火墙的静态过滤规则表相比，它具有更好的灵活性和安全性。

状态检测防火墙读取、分析和利用了全面的网络通信信息和状态，包括以下几个方面。

（1）通信信息。通信信息即所有7层协议的当前信息。防火墙的检测模块位于操作系统的内核，在网络层之下，能在数据包到达网关操作系统之前对它们进行分析。防火墙先在低协议层上检查数据包是否满足企业的安全策略，对于满足的数据包，再从更高协议层上进行分析。它验证数据的源地址、目的地址和端口号、协议类型、应用信息等多层的标志，因此具有更全面的安全性。

（2）通信状态。通信状态即以前的通信信息。对于简单的包过滤防火墙，如果要允许FTP通过，就必须做出让步而打开许多端口，这样就降低了安全性。状态检测防火墙在状态表中保存以前的通信信息，记录从受保护网络发出的数据包的状态信息，如FTP请求的服务器地址和端口、客户端地址和为满足此次FTP临时打开的端口，然后，防火墙根据该表内容对返回受保护网络的数据包进行分析判断，这样，只有响应受保护网络请求的数据包才被放行。这里，对于UDP或者RPC等无连接的协议，检测模块可创建虚会话信息用来进行跟踪。

（3）应用状态。应用状态即其他相关应用的信息。状态检测模块能够理解并学习各种协议和应用，以支持各种最新的应用，它比代理服务器支持的协议和应用要多得多；并且，它能从应用程序中收集状态信息存入状态表中，以供其他应用或协议做检测策略。例如，已经通过防火墙认证的用户可以通过防火墙访问其他授权的服务。

（4）操作信息。操作信息即在数据包中能执行逻辑或数学运算的信息。状态监测技术，采用强大的面向对象的方法，基于通信信息、通信状态、应用状态等多方面因素，利用灵活的表达式形式，结合安全规则、应用识别知识、状态关联信息及通信数据，构造更复杂的、更灵活的、满足用户特定安全要求的策略规则。

二、防火墙的体系结构

目前，防火墙的体系结构一般有以下几种：屏蔽路由器，双重宿主主机体系结构，被屏蔽主机体系结构，被屏蔽子网体系结构和被屏蔽主机体系结构。

1.屏蔽路由器

屏蔽路由器可以由厂家专门生产的路由器实现，也可以用主机来实现。屏蔽路由器作为内外连接的唯一通道，要求所有的报文都必须在此通过检查。路由器上可以安装基于IP层的报文过滤软件，实现报文过滤功能。许多路由器本身带有报文过滤配置选项，但一般比较简单。单纯由屏蔽路由器构成的防火墙的危险包括路由器本身及路由器允许访问的主机。屏蔽路由器的缺点是一旦被攻陷后很难发现，而且不能识别不同的用户。

2.双重宿主主机体系结构

双重宿主主机体系结构中用一台装有两块网卡的堡垒主机做防火墙。两块网卡各自与受保护网和外网相连。堡垒主机上运行着防火墙软件，可以转发应用程序，提供服务等。与屏蔽路由器相比，堡垒主机的系统软件可用于维护系统日志、硬件拷贝日志或远程日志。但弱点也比较突出，一旦黑客侵入堡垒主机并使其只具有路由功能，任何网上用户均可以随便访问内部网。

3.被屏蔽主机体系结构

双重宿主主机体系结构防火墙没有使用路由器。而被屏蔽主机体系结构防火墙则使用一个路由器把内部网络和外部网络隔离开。在这种体系结构中，主要的安全由数据包过滤提供（如数据包过滤用于防止人们绕过代理服务器直接相连）。

这种体系结构涉及堡垒主机。堡垒主机是Internet上的主机能连接到的唯一的内部网络上的系统。任何外部的系统要访问内部的系统或服务都必须先连接到这台主机。因此堡垒主机要保持更高等级的主机安全。

数据包过滤容许堡垒主机开放可允许的连接（可允许的连接由用户站点的特殊的安全策略决定）到外部世界。

在屏蔽的路由器中数据包过滤配置可以按下列方案之一执行。

（1）允许其他的内部主机为了某些服务开放到Internet上的主机连接（允许那些经由数据包过滤的服务）。

（2）不允许来自内部主机的所有连接（强迫那些主机经由堡垒主机使用代理服务）。

4.被屏蔽子网体系结构

被屏蔽子网体系结构添加额外的安全层到被屏蔽主机体系结构，即通过添加周边网络更进一步地把内部网络和外部网络（通常是Internet）隔离开。被屏蔽子网体系结构最简单的形式为：两个屏蔽路由器（每一个都连接到周边网），一个位于周边网与内部网络之间，另一个位于周边网与外部网络（通常为Internet）之间。这样就在内部网络与外部网络之间形成了一个“隔离带”。为了侵入用这种体系结构构筑的内部网络，侵袭者必须通过两个路由器。即使侵袭者侵入堡垒主机，他将仍然必须通过内部路由器。

三、个人防火墙

（一）什么是个人防火墙

个人防火墙（有别于传统建在一个企事业单位、公司、校园网的防火墙）指使用者安装在个人计算机上，用来监控、阻止任何未经授权允许的数据进入或发出到互联网及其他网络系统的一项技术。个人防火墙产品如著名Symantec公司的诺顿个人防火墙、天网个人防火墙、蓝盾防火墙个人版、瑞星个人防火墙等，都能对系统进行监控及管理，防止特洛伊木马、Spy-Ware（间谍软件）等病毒程序通过网络进入个人计算机或在用户未知情况下向外部扩散。

个人防火墙并不能防范病毒，并且因为它安装在使用者系统上，防火墙也有可能遭到系统上不良软件的损害。要有效地保护计算机，使用者应将个人防火墙与防毒软件并用。要选择一个合适的个人防火墙，除了考虑防火墙是否能提供足够的安全防护性能外，防火墙自身的稳定性，运行时系统资源使用的程度，防火墙的设置与管理是否方便、人机界面是否良好，是否具有可扩展可升级性等，都应该列入考虑的范围。在设置管理方面，提供多种预先设置的安全策略，让用户选择安全级别的个人防火墙比较适用于初级用户，而通过对计算机系统上的应用程序逐一指定网络使用规则，或需要自定义计算机系统网络安全策略的防火墙比较适用于中高级用户。由于国内计算机系统感染特洛伊木马的问题非常严重，使用扫描器搜索有安全漏洞的计算机的人也非常多，因此选用有检测特洛伊木马和入侵检测功能的防火墙较佳。另外，防火墙升级也很重要，特别是对于有检测特洛伊木马和入侵检测功能的防火墙更是如此。因为这类功能，都是通过对已知木马特征或入侵手法进行检测的，需要不断更新相关的资料库，才能够起到防护作用。

（二）个人防火墙的特点

1.个人防火墙的优点

（1）增加了保护功能。个人防火墙具有安全保护功能，可以抵挡外来攻击和内部的攻击。

（2）易于配置。个人防火墙通常可以使用直接的配置选项获得基本可使用的配置。

（3）廉价。个人防火墙不需要额外的硬件资源就为内部网的个人用户和公共网络中的单个系统提供安全保护。

2.个人防火墙的缺点

（1）接口通信受限。个人防火墙对公共网络只有一个物理接口，而真正的防火墙应当监视并控制两个或更多的网络接口之间的通信。

（2）集中管理比较困难。个人防火墙需要在每个客户端进行配置，这将增加管理开销。

（3）性能限制。个人防火墙是为了保护单个计算机系统而设计的，在充当小型网络路由器时将导致性能下降。这种保护机制通常不如专用防火墙方案有效。

（三）个人防火墙的选择

现今流行的个人防火墙软件大约有20种，功能各异，使用的安全防护手段也不同，国外著名的有Norton Personal Firewall，BlackICE，Lockdown，Tiny Personal Firewall，SygatePersonal Firewall，eTrust等，国内有天网、蓝盾、出自绿色兵团之手的绿色警戒和各大防毒厂商近几年推出的防黑产品，可以说是乱花渐欲迷人眼。

与挑选企业级安全产品不同，个人用户对安全级别的要求相对较低，上述各个产品在实现基本的访问控制、端口屏蔽方面大同小异，选择的关键在于稳定性、资源占用率、易用性和厂商的技术支持能力。企业防火墙一般安装在单独的服务器上，操作系统中所有不必要的服务都被禁用，所以系统非常稳定。而个人计算机上安装了很多应用软件，彼此冲突的可能性也就比较大，防火墙是始终在后台运行的，所以良好的稳定性和健壮性至关重要，是挑选个人防火墙的首要参数。在实现同样功能的前提下，我们希望软件消耗的资源尽可能小，同时要界面友好、易于使用，特别是对于普通用户，兵器虽好还要称手才行。所谓技术支持是指厂商是否持续地投入研发力量，产品不断更新，并且能方便地通过互联网进行升级。

（四）主流的个人防火墙介绍

1.天网个人防火墙

天网个人防火墙在国内很受用户欢迎，其个人版也已经上市。用户也可以到http://sky.net.cn免费下载测试版。该网站提供安全检测服务，免费为用户检测计算机系统的安全情况，并做出相应的指导。其提供的帮助文件与在线使用手册内容丰富。软件提供多种预先设置的安全策略，用户可以自行选择安全级别，也支持用户自定义应用程序的安全规则、系统的安全策略，或自行对内部网络指定另外的安全策略。软件运行时占用的系统资源较少，提供特洛伊木马和入侵检测功能。但软件的可升级性较差，稳定性也一般。

2.瑞星个人防火墙

瑞星个人防火墙是瑞星公司的个人防火墙产品。该软件基于规则设置，具备防御特洛伊木马和入侵检测功能。在受到攻击时，系统会自动切断攻击连接，发出报警声音并用闪烁图标提示用户。软件占用的资源较少，但稳定性较差。使用界面一般，警报与帮助文件、使用手册比较简单。该防火墙具有以下功能。

（1）网络攻击拦截。入侵检测规则库每日随时更新，拦截来自互联网的黑客、病毒攻击，包括木马攻击、后门攻击、远程溢出攻击、浏览器攻击、僵尸网络攻击等。

（2）恶意网址拦截。依托瑞星“云安全”计划，每日及时更新恶意网址库，阻断网页木马、钓鱼网站等对计算机的侵害。

（3）出站攻击防御。阻止计算机被黑客操纵，变为攻击互联网的“肉鸡”，保护带宽和系统资源不被恶意占用，避免成为“僵尸网络”成员。

3.诺顿个人防火墙

诺顿个人防火墙是“诺顿互联网特警”的一个部分，它曾在国外的评比中获得最佳个人安全防护系统的荣誉。该软件性能稳定，提供自动识别程序，帮助用户设置计算机系统上应用程序的安全规则，允许用户为不同的网络区域指定安全策略，方便的在线升级功能可以使诺顿个人防火墙更好地检测特洛伊木马和黑客入侵。该软件的设置与管理方便，警报与帮助文件以及使用手册内容详细。一旦受到某个IP地址的攻击，会在30分钟内自动禁止所有来自该地址的连接请求，使对方无法试图使用其他方式攻击。但该软件占用的系统资源较大，而且由于需要对应用程序逐一指定安全规则，容易对用户造成困扰。

（五）个人防火墙的使用

一般情况下，用户应该选择智能化程度较高，能够自动识别可信任的网络应用程序，能够更新特洛伊木马和入侵检测功能资料库的防火墙，以避免频繁地设置安全规则，处理安全警报。

在选择一个合适的个人防火墙以后，一般需要进行设置，才能够起到安全防御作用。这需要用户具备一定的网络知识，如TCP/IP协议的基础知识等。只有在对各种协议所提供的服务有一定了解之后，才能判断出应用程序或网络连接请求的危险程度，从而正确处理，正确设置安全规则。要知道，即使使用的是智能化较高、支持自动识别应用程序或智能防御系统的防火墙，也无法避免自定义安全规则的工作。

另外，用户还需要了解一些黑客知识，如各种常见的攻击手段和名词，才能够正确地理解警报信息所报告的事件。而且，在处理安全警报时要有足够的耐心，仔细查看有关的事件内容，做出正确的判断。如果不加以了解，就允许应用程序访问网络或允许他人访问，也就失去了安装防火墙的意义。

为了使计算机网络系统足够安全，在使用防火墙时，还需要配合病毒防护软件，以保护自己的计算机系统不受到类似恶意修改注册表之类的防火墙较难发现的攻击。另外还可以阻止蠕虫之类的网络病毒入侵。

经常阅读分析日志文件也是保证网络安全的重要方面。通过检查日志文件，可以确定是否有人在探测自己的计算机，或使用一定规则的扫描器，在计算机系统上寻找安全漏洞。然后再决定是否需要采用更严格的防火墙安全规则，以便过滤或追踪这些探测行为，并采取相应的行动。

四、虚拟专用网VPN

VPN的英文全称是Virtual Private Network，即“虚拟专用网络”。顾名思义，虚拟专用网络可理解成是虚拟出来的企业内部专线。它可以通过特殊的加密通信协议在Internet上位于不同地方的两个或多个企业内部网之间建立一条专有的通信线路，就好比是架设了一条专线一样，但是它并不需要真正去铺设光缆之类的物理线路。这就好比去电信局申请专线，但是不用给铺设线路的费用，也不用购买路由器等硬件设备。VPN技术原是路由器具有的重要技术之一，目前在交换机、防火墙设备或Windows 2000等软件里都支持VPN功能，一句话，VPN的核心就是利用公共网络建立虚拟私有网。

（一）VPN概述

1.什么是VPN

VPN被定义为通过一个公用网络（通常是因特网）建立一个临时的、安全的连接，是一条穿过混乱的公用网络的安全、稳定的隧道。VPN是对企业内部网的扩展。它可以帮助远程用户、公司分支机构、商业伙伴及供应商与公司的内部网建立可信的安全连接，并保证数据的安全传输。VPN的核心就是利用公共网络建立虚拟私有网，为用户提供一条安全的数据传输通道。

2.VPN类型

针对不同的用户要求，VPN有三种解决方案，包括：远程访问虚拟网（Access VPN）、企业内部虚拟网（IntranetVPN）和企业扩展虚拟网（Extranet VPN），这三种类型的VPN分别与传统的远程访问网络、企业内部的Intranet以及企业网和相关合作伙伴的企业网所构成的Extranet（外部扩展）相对应。

（1）远程访问虚拟专网。Access VPN与传统的远程访问网络相对应，它通过一个拥有与专用网络相同策略的共享基础设施，提供对企业内部网或外部网的远程访问。在Access VPN方式下，远端用户不再像传统的远程网络访问那样通过长途电话拨号到公司远程接入端口，而是拨号接入远端用户本地的ISP，采用VPN技术在公众网上建立一个虚拟的通道。Access VPN能使用户随时随地以其所需的方式访问企业资源。Access VPN包括模拟拨号、综合业务数字网（Integrated Services Digital Network，ISDN）、数字用户线路（Digital Subscriber Line，xDSL）、移动IP和电缆技术，能够安全地连接移动用户、远程工作者或分支机构。

（2）企业内部虚拟专网。越来越多的企业需要在全国乃至世界范围内建立各种办事机构、分公司、研究所等，各个分公司之间传统的网络连接方式一般是租用专线。显然，在分公司增多、业务开展越来越广泛时，网络结构趋于复杂，费用昂贵。利用VPN特性可以在Internet上组建世界范围内的Intranet VPN。利用Internet的线路保证网络的互连性，而利用隧道、加密等VPN特性可以保证信息在整个Intranet VPN上安全传输。Intranet VPN通过一个使用专用连接的共享基础设施，连接企业总部、远程办事处和分支机构。企业拥有与专用网络的相同政策，包括安全、服务质量（QoS）、可管理性和可靠性。

（3）扩展的企业内部虚拟专网。信息时代的到来使各个企业越来越重视各种信息的处理，希望可以提供给客户最快捷方便的信息服务，通过各种方式了解客户的需要；同时各个企业之间的合作关系也越来越多，信息交换日益频繁。Internet为这样的一种发展趋势提供了良好的基础，而如何利用Internet进行有效的信息管理，是企业发展中不可避免的一个关键问题。利用VPN技术可以组建安全的Extranet VPN，既可以向客户、合作伙伴提供有效的信息服务，又可以保证自身的内部网络的安全。其在网络组织方式上与Intranet VPN没有本质的区别，但由于是不同公司的网络相互通信，所以要更多地考虑设备的互联、地址的协调、安全策略的协商等问题。

3.VPN的特点

（1）安全保障。虽然实现VPN的技术和方式很多，但所有的VPN均应保证通过公用网络平台传输数据的专用性和安全性。在非面向连接的公用IP网络上建立一个逻辑的、点对点的连接，称为建立一个隧道，可以利用加密技术对经过隧道传输的数据进行加密，以保证数据仅被指定的发送者和接收者了解，从而保证数据的私有性和安全性。在安全性方面，由于VPN直接构建在公用网上，实现简单、方便、灵活，但同时其安全问题也更为突出。企业必须确保其VPN上传送的数据不被攻击者窥视和篡改，并且要防止非法用户对网络资源或私有信息的访问。Extranet VPN将企业网扩展到合作伙伴和客户，对安全性提出了更高的要求。

（2）服务质量保证。VPN应当为企业数据提供不同等级的服务质量保证。不同的用户和业务对服务质量保证的要求差别较大。例如，对于移动办公用户，提供广泛的连接和覆盖性是保证VPN服务的一个主要因素；而对于拥有众多分支机构的专线VPN网络，交互式的内部企业网应用则要求网络能提供良好的稳定性；对于其他应用（如视频等）则对网络提出了更明确的要求，如网络时延及误码率等。所有以上网络应用均要求网络根据需要提供不同等级的服务质量。在网络优化方面，构建VPN的另一重要需求是充分有效地利用有限的广域网资源，为重要数据提供可靠的带宽。广域网流量的不确定性使其带宽的利用率很低，在流量高峰时引起网络阻塞，产生网络瓶颈，使实时性要求高的数据得不到及时发送；而在流量低谷时又造成大量的网络带宽空闲。QoS通过流量预测与流量控制策略，可以按照优先级分配带宽资源，实现带宽管理，使得各类数据能够被合理地先后发送，并预防阻塞的发生。

（3）可扩充性和灵活性。VPN必须能够支持通过Interanet和Extranet的任何类型的数据流，方便增加新的节点，支持多种类型的传输媒介，可以满足同时传输语音、图像和数据等新应用对高质量传输以及带宽增加的需求。

（4）可管理性。从用户角度和运营商角度应可方便地进行管理、维护。在VPN管理方面，VPN要求企业将其网络管理功能从局域网无缝地延伸到公用网，甚至是客户和合作伙伴。虽然可以将一些次要的网络管理任务交给服务提供商去完成，企业自己仍需要完成许多网络管理任务。所以，一个完善的VPN管理系统是必不可少的。VPN管理的目标为：减小网络风险、具有高扩展性、经济性、高可靠性等优点。事实上，VPN管理主要包括安全管理和设备管理。

（二）VPN的实现技术

VPN实现的两个关键技术是隧道技术和加密技术，同时QoS技术对VPN的实现也至关重要。

1.隧道技术

隧道技术简单地说，就是原始报文在A地进行封装，到达B地后把封装去掉还原成原始报文，这样就形成了一条由A到B的通信隧道。目前实现隧道技术有一般路由封装（Generic Routing Encapsulation，GRE）、点对点隧道协议（Point to Point Tunneling Protocol，PPTP）和第二层隧道协议（Layer 2 Tunneling Protocol，L2TP）。

（1）GRE。GRE主要用于源路由和终路由之间所形成的隧道。例如，将通过隧道的报文用一个新的报文头（GRE报文头）进行封装然后带着隧道终点地址放入隧道中。当报文到达隧道终点时，GRE报文头被剥掉，继续原始报文的目的地址进行寻址。GRE隧道通常是点对点的，即隧道只有一个源地址和一个目的地址。然而也有一些实现允许点对多点，即一个源地址对多个目的地址。

隧道技术是VPN的基本技术，类似于点对点连接技术，它在公用网建立一条数据通道（隧道），让数据包通过这条隧道传输。隧道是由隧道协议形成的，分为第二、三层隧道协议。第二层隧道协议是先把各种网络协议封装到PPP中，再把整个数据包装入隧道协议中。这种双层封装方法形成的数据包靠第二层协议进行传输。第二层隧道协议有L2F、PPTP、L2TP等。L2TP协议是目前IETF的标准，由IETF融合PPTP与L2F形成。

（2）PPTP协议。PPTP协议是一种支持多协议虚拟专用网络的网络技术，它工作在第二层。通过该协议，远程用户能够通过Windows XP、Windows 7、Windows 8和Windows 10等操作系统以及其他装有点对点协议的系统安全访问公司网络，并能拨号连入本地ISP，通过Internet安全链接到公司网络。

PPTP协议假定在PPTP客户机和PPTP服务器之间有连通并且可用的IP网络。因此如果PPTP客户机本身已经是IP网络的组成部分，那么即可通过该IP网络与PPTP服务器取得连接；而如果PPTP客户机尚未连入网络，如在Internet拨号用户的情形下，PPTP客户机必须首先拨打接入服务器（Network Access Server，NAS）以建立IP连接。这里所说的PPTP客户机也就是使用PPTP协议的VPN客户机，而PPTP服务器亦即使用PPTP协议的VPN服务器。

（3）L2TP协议。L2TP协议是一种工业标准的Internet隧道协议，功能大致与PPTP协议类似，比如同样可以对网络数据流进行加密等。不过也有不同之处，比如PPTP要求网络为IP网络，L2TP要求面向数据包的点对点连接；PPTP使用单一隧道，L2TP使用多隧道；L2TP提供包头压缩、隧道验证，而PPTP不支持。

L2TP协议是由IETF起草，微软、Ascend、Cisco、3COM等公司参与制定的二层隧道协议，它结合了PPTP和L2F两种二层隧道协议的优点，为众多公司所接受，已经成为IETF有关二层通道协议的工业标准。在VPN连接中设置L2TP连接，方法同PPTP VPN的设置，同样是在VPN连接属性窗口的“网络”选项卡中，将VPN类型设置为“L2TPIPSecVPN”即可。

L2TP主要由LAC（L2TP Access Concentrator）和LNS（L2TP Network Server）构成，LAC支持客户端的L2TP，用于发起呼叫、接收呼叫和建立隧道；LNS是所有隧道的终点，LNS终止所有的PPP流。在传统的PPP连接中，用户拨号连接的终点是LAC，L2TP使得PPP协议的终点延伸到LNS。

L2TP的好处在于支持多种协议，用户可以保留原有的IPX、Appletalk等协议或公司原有的IP地址。L2TP还解决了多个PPP链路的捆绑问题，PPP链路捆绑要求其成员均指向同一个NAS，L2TP可以使物理上连接到不同NAS的PPP链路，在逻辑上的终结点为同一个物理设备。L2TP还支持信道认证，并提供了差错和流量控制。

L2TP利用IPsec增强了安全性，支持数据包的认证、加密和密钥管理。L2TP/IPSec因此能为远程用户提供设计精巧并有互操作性的安全隧道连接。这对安全的远程访问和安全的网关之间连接来说，是一个很好的解决方案。因此，安全的VPN需要同时解决好L2TP和IPSec这两个不同的问题。L2TP协议解决了穿过IP网络的不同用户协议的转换问题；IPSec协议（加密/解密协议）解决了通过公共网络传输信息的保密问题。

PPTP和L2TP都使用PPP协议对数据进行封装，然后添加附加包头用于数据在互联网络上的传输。尽管两个协议非常相似，但是仍存在以下几方面的不同。

①PPTP要求互联网络为IP网络。L2TP只要求隧道媒介提供面向数据包的点对点的连接。L2TP可以在IP（使用UDP），帧中继永久虚拟电路（PVC），X.25虚拟电路（VCs）或ATMVCs网络上使用。

②PPTP只能在两端点间建立单一隧道。L2TP支持在两端点间使用多隧道。使用L2TP，用户可以针对不同的服务质量创建不同的隧道。

③L2TP可以提供包头压缩。当压缩包头时，系统开销（Overhead）占用4个字节，而PPTP协议下要占用6个字节。

④L2TP可以提供隧道验证，而PPTP则不支持隧道验证。但是当L2TP或PPTP与IPSEC共同使用时，可以由IPSEC提供隧道验证，不需要在第二层协议上验证隧道。

2.加密技术

数据加密的基本思想是通过变换信息的表示形式来伪装需要保护的敏感信息，使非授权者不能了解被保护信息的内容。

加解密技术是数据通信中一项较成熟的技术，VPN可直接利用现有技术。用于VPN上的加密技术由IPSec的ESP（Encapsulation Security Payload）实现。主要是发送者在发送数据之前对数据加密，当数据到达接收者时由接收者对数据进行解密的处理过程。主要算法种类包括：对称加密（单钥加密）算法、不对称加密（公钥加密）算法等，如DES、IDEA、RSA。加密技术可以在协议栈的任意层进行，可以对数据或报文头进行加密。

3.QoS技术

QoS是网络的一种安全机制，是用来解决网络延迟和阻塞等问题的一种技术。通过隧道技术和加密技术，已经能够建立起一个具有安全性、互操作性的VPN。但是该VPN性能上不稳定，管理上不能满足企业的要求，这就要加入QoS技术。QoS应该在主机网络中实现，即VPN所建立的隧道这一段，这样才能建立一条性能符合用户要求的隧道。

不同的应用对网络通信有不同的要求，这些要求可用如下参数予的体现。

（1）带宽：网络提供给用户的传输率。

（2）反应时间：用户所能容忍的数据报传递延时。

（3）抖动：延时的变化。

（4）丢失率：数据包丢失的比率。网络资源是有限的，有时用户要求的网络资源得不到满足，可通过QoS机制对用户的网络资源分配进行控制以满足应用的需求。

五、入侵检测系统IDS

IDS是英文“Intrusion Detection Systems”的缩写，中文意思是“入侵检测系统”。专业上讲就是依照一定的安全策略，对网络、系统的运行状况进行监视，尽可能发现各种攻击企图、攻击行为或者攻击结果，以保证网络系统资源的机密性、完整性和可用性。

（一）基本概念

入侵检测是指“通过对行为、安全日志或审计数据或其他网络上可以获得的信息进行操作，检测到对系统的闯入或闯入的企图”。入侵检测技术是动态安全技术的最核心技术之一。传统的操作系统加固技术和防火墙隔离技术等都是静态安全防御技术，对网络环境下日新月异的攻击手段缺乏主动的反应。入侵检测技术通过对入侵行为的过程与特征的研究，使安全系统对入侵事件和入侵过程能做出实时响应。利用防火墙，通常能够在内外网之间提供安全的网络保护，降低了网络安全风险。但是，仅仅使用防火墙网络安全还远远不够，例如，入侵者可能寻找防火墙背后可能敞开的后门，入侵者可能就在防火墙内；由于性能的限制，防火墙通常不能提供实时的入侵检测能力。

入侵检测是防火墙的合理补充，帮助系统对付网络攻击，扩展了系统管理员的安全管理能力（包括安全审计、监视、进攻识别和响应），提高了信息安全基础结构的完整性。入侵检测被认为是防火墙之后的第二道安全闸门，提供对内部攻击、外部攻击和误操作的实时保护。这些都通过执行以下任务来实现：

（1）监视、分析用户及系统活动，查找非法用户和合法用户的越权操作；

（2）系统构造和弱点的审计，并提示管理员修补漏洞；

（3）识别反应已知进攻的活动模式并向相关人士报警，能够实时对检测到的入侵行为进行反应；

（4）异常行为模式的统计分析，发现入侵行为的规律；

（5）评估重要系统和数据文件的完整性，如计算和比较文件系统的校验和；

（6）操作系统的审计跟踪管理，并识别用户违反安全策略的行为。

对一个成功的入侵检测系统来讲，它应该能够使系统管理员时刻了解网络系统（包括程序、文件和硬件设备等）的任何变更；为网络安全策略的制订提供指南；管理、配置应该简单，从而使非专业人员非常容易地获得网络安全；入侵检测的规模应根据网络威胁、系统构造和安全需求的改变而改变；入侵检测系统在发现入侵后，应及时做出响应，包括切断网络连接、记录事件和报警等。

在本质上，入侵检测系统是一个典型的“窥探设备”。它不跨接多个物理网段（通常只有一个监听端口），无须转发任何流量，而只需要在网络上被动地、无声息地收集它所关心的报文即可。对收集来的报文，入侵检测系统提取相应的流量统计特征值，并利用内置的入侵知识库，与这些流量特征进行智能分析比较匹配。根据预设的阈值，匹配耦合度较高的报文流量将被认为是进攻，入侵检测系统将根据相应的配置进行报警或进行有限度的反击。

（二）入侵检测系统的类型

入侵检测系统以信息来源的不同和检测方法的差异分为几类。根据信息来源可分为基于主机的入侵检测系统和基于网络的入侵检测系统，根据检测方法又可分为异常入侵检测和误用入侵检测系统两种类型。

1.按信息来源分类

（1）基于主机的入侵检测系统。基于主机的入侵检测系统HIDS（Host-based Intrusion Detection System）通常是安装在被重点检测的主机之上，主要是对该主机的网络实时连接以及系统审计日志进行智能分析和判断。如果其中主体活动十分可疑（特征或违反统计规律），入侵检测系统就会采取相应措施。

基于主机的入侵检测系统使用验证记录，并发展了精密的可迅速做出响应的检测技术。通常，基于主机的入侵检测系统可监测系统、事件和Windows NT下的安全记录以及UNIX环境下的系统记录。当有文件发生变化时，入侵检测系统将新的记录条目与攻击标记相比较，看它们是否匹配。如果匹配，系统就会向管理员报警并向别的目标报告，以采取措施。

基于主机的入侵检测系统在发展过程中融入了其他技术。对关键系统文件和可执行文件入侵检测的一个常用方法，是通过定期检查校验和来进行的，以便发现意外的变化。反应的快慢与轮询间隔的频率有直接的关系。最后，许多系统都是监听端口的活动，并在特定端口被访问时向管理员报警。这类检测方法将基于网络的入侵检测的基本方法融入基于主机的检测环境中。

相对于后面介绍的基于网络的入侵检测系统，基于主机的入侵检测有以下优点：

①性价比高。在主机数量较少的情况下，这种方法的性价比可能更高。

②更加细致。这种方法可以很容易地监测一些活动，如对敏感文件、目录、程序或端口的存取，而这些活动很难在基于协议的线索中被发现。

③视野集中。一旦入侵者得到了一个主机的用户名和口令，基于主机的代理是最有可能区分正常的活动和非法活动的。

④易于用户剪裁。每一个主机有其自己的代理，用户剪裁更方便。

⑤较少的主机。基于主机的方法不需要增加专门的硬件平台。

⑥对网络流量不敏感。用代理的方式一般不会因为网络流量的增加而丢失对网络行为的监视。

当然，基于主机入侵检测系统也有它的局限性：

①操作系统局限。不像基于网络的入侵检测系统，厂家可以自己定制一个足够安全的操作系统来保证基于网络的入侵检测系统自身的安全，基于主机的入侵检测系统的安全性受其所在主机操作系统的安全性限制。

②系统日志限制。基于主机的入侵检测系统会通过监测系统日志来发现可疑的行为，但有些程序的系统日志并不详细，或者没有日志。有些入侵行为本身不会被具有系统日志的程序记录下来。

③被修改过的系统核心能够骗过文件检查。如果入侵者修改系统核心，则可以骗过基于文件一致性检查的工具。

（2）基于网络的入侵检测系统。基于网络的入侵检测系统（Network Intrusion Detection System，NIDS）放置在比较重要的网段内，不停地监视网段中的各种数据包，对每一个数据包进行特征分析。如果数据包与系统内置的某些规则吻合，入侵检测系统就会发出警报甚至直接切断网络连接。目前，大部分入侵检测系统是基于网络的。

例如一个典型基于网络的入侵检测系统，一个传感器被安装在防火墙外以探查来自Internet的攻击。另一个传感器安装在网络内部以探查那些已穿透防火墙的入侵，以及内部网络入侵和威胁。

基于网络的入侵检测系统使用原始网络包作为数据源。它通常利用一个运行在随机模式下的网络适配器来实时监视并分析通过网络的所有通信业务。它的攻击辨识模块通常使用四种常用技术来识别攻击标志：模式、表达式或字节匹配；频率或穿越阈值；低级事件的相关性；统计学意义上的非常规现象检测。

一旦检测到了攻击行为，入侵检测系统的响应模块就提供多种选项以通知、报警并对攻击采取相应的反应。反应因系统而异，但通常都包括通知管理员、中断连接并且/或为法庭分析和证据收集而做的会话记录。

基于网络的入侵检测系统已经广泛成为安全策略实施中的重要组件，它有许多仅靠基于主机的入侵检测法无法提供的优点。

（3）混合型。基于网络的入侵检测系统和基于主机的入侵检测系统都有不足之处，单纯使用一类系统会造成主动防御体系不全面。但是，它们可以互补。如果这两类系统能够无缝结合起来部署在网络内，则会构架成一套完整立体的主动防御体系，综合了基于网络和基于主机两种结构特点的入侵检测系统，既可发现网络中的攻击信息，也可从系统日志中发现异常情况。

2.按分析方法分类

（1）异常检测系统。异常检测系统（Anomaly Detection）用于检测与可接受行为之间的偏差。如果可以定义每项可接受的行为，那么每项不可接受的行为就应该是入侵。首先总结正常操作应该具有的特征（用户轮廓），当用户活动与正常行为有重大偏离时即被认为是入侵。这种检测模型漏报率低，但误报率高。因为不需要对每种入侵行为进行定义，所以能有效检测未知的入侵。

（2）误用检测系统。误用检测系统（Misuse Detection）用于检测与已知的不可接受行为之间的匹配程度。如果可以定义所有的不可接受行为，那么每种能够与之匹配的行为都会引起告警。收集非正常操作的行为特征，建立相关的特征库，当监测的用户或系统行为与库中的记录相匹配时，系统就认为这种行为是入侵。这种检测系统误报率低，但漏报率高。对于已知的攻击，它可以详细、准确地报告出攻击类型，但是对未知攻击却效果有限，而且特征库必须不断更新。

（三）入侵检测系统的工作流程及部署

1.入侵检测系统的工作流程

入侵检测系统的工作流程大致分为以下3个步骤。

（1）信息收集。信息收集的内容包括网络流量的内容、用户连接活动的状态和行为。入侵检测利用的信息一般来自以下4个方面：

①系统日志；

②目录以及文件中的异常改变；

③程序执行中的异常行为；

④物理形式的入侵信息。

（2）数据分析。对上述收集到的信息，一般用4种方法进行分析：模式匹配、统计分析、智能化入侵检测和完整性分析。其中前三种方法用于实时的入侵检测，而完整性分析则用于事后分析。具体的技术形式如下所述。

模式匹配就是将收集到的信息与已知的网络入侵和系统误用模式数据库进行比较，从而发现违背安全策略的行为。该过程可以很简单（如通过字符串匹配以寻找一个简单的条目或指令），也可以很复杂（如利用正规的数学表达式来表示安全状态的变化）。一般来讲，一种进攻模式可以用一个过程（如执行一条指令）或一个输出（如获得权限）来表示。该方法的一大优点是只需收集相关的数据集合，显著减少系统负担，且技术已相当成熟。它与病毒防火墙采用的方法一样，检测准确率和效率都相当高。但是，该方法的弱点是需要不断升级以对付不断出现的黑客攻击手法，不能检测到从未出现过的黑客攻击手段。

统计分析方法首先给信息对象（如用户、连接、文件、目录和设备等）创建一个统计描述，统计正常使用时的一些测量属性（如访问次数、操作失败次数和延时等）。测量属性的平均值将被用来与网络、系统的行为进行比较，任何观察值在正常偏差之外时，就认为有入侵发生。例如，统计分析可能标识一个不正常行为，因为它发现一个在晚八点至早六点不登录的账户却在凌晨两点试图登录。其优点是可检测到未知的入侵和更为复杂的入侵，缺点是误报、漏报率高，且不适应用户正常行为的突然改变。具体的统计分析方法如基于专家系统的、基于模型推理的和基于神经网络的分析方法，目前正处于研究热点和迅速发展之中。

智能化入侵检测是指使用智能化的方法与手段来进行入侵检测。所谓的智能化方法，现阶段常用的有神经网络、遗传算法、模糊技术、免疫原理等方法，这些方法常用于入侵特征的辨识与泛化。利用专家系统的思想来构建入侵检测系统也是常用的方法之一。特别是具有自学习能力的专家系统，实现了知识库的不断更新与扩展，使设计的入侵检测系统的防范能力不断增强，应具有更广泛的应用前景。应用智能体的概念来进行入侵检测的尝试也已有报道。较为一致的解决方案应为高效常规意义下的入侵检测系统与具有智能检测功能的检测软件或模块的结合使用。

完整性分析主要关注某个文件或对象是否被更改，包括文件和目录的内容及属性，它在发现被更改的、被特洛伊化的应用程序方面特别有效。完整性分析利用强有力的加密机制（称为消息摘要函数，如MD5），能识别极其微小的变化。其优点是不管模式匹配方法和统计分析方法能否发现入侵，只要是成功的攻击导致了文件或其他对象的任何改变，它都能够发现。缺点是一般以批处理方式实现，不用于实时响应。这种方式主要应用于基于主机的入侵检测系统。

（3）实时记录、报警或有限度反击。IDS根本的任务是要对入侵行为做出适当的反应，这些反应包括详细日志记录、实时报警和有限度的反击攻击源。

2.入侵检测系统的部署

一个网络型的入侵检测系统由入侵检测控制台（Console）以及探测器（Sensor）组成。

控制台、探测器可以是现成的硬件产品，也可以是软件产品，安装在服务器上（UNIX，NT系统都可以）。

探测器负责侦听网络中的所有数据包，控制台负责搜集探测器汇报上来的侦听数据并与数据库中的特征库进行匹配，然后产生报警日志等提示信息。

在企业中，入侵检测系统只需监视特定的重要区域的网络行为即可。最简单的探测器部署位置是监听防火墙DMZ口连接的重要服务器区域，以及监听防火墙的内口，这样既可以对入侵服务器区域的网络行为进行监视，也可以监视穿透防火墙的一些网络行为。这样就构成了一个控制台两个探测器的经典入侵检测网络结构。

由于入侵检测系统在网络中扮演的是一个“聆听者”的角色，并不需要和网络中的其他设备发生通信，因此出于安全性的考虑，把入侵检测的控制台和探测器组建成专用网络。入侵检测系统专用网络即以带外（Out of Band）管理入侵检测系统引擎。这样能够更好地突出入侵检测系统的自身安全，也防止被监测的网络发生问题，例如在像Nimda，CodeRed病毒造成的网络阻塞情况发生时，入侵检测系统管理控制中心及时地发现问题，让系统管理员及时了解网络情况，重新配置网络引擎，解决网络发生的问题。

入侵检测系统应当挂接在所有所关注流量都必须流经的链路上。在这里，“所关注流量”指的是来自高危网络区域的访问流量和需要进行统计、监视的网络报文。入侵检测系统在交换式网络中的位置一般尽可能靠近攻击源，尽可能靠近受保护资源。

这些位置通常是在服务器区域的交换机上、Internet接入路由器之后的第一台交换机上、重点保护网段的局域网交换机上。

第五章　网络教学基础

第一节 概 述

网络教学是当今教育发展新的增长点，是现代教育技术的主流发展方向，同时也是网络应用的一个重要方面。

一、网络教学的基本含义

对于网络教学，国外也有许多不同的提法，国内通常称之为网络教学、数字化学习或者现代远程教育等。综合国内外对网络教学的各种定义，我们可以从以下两个方面对网络教学进行描述。

广义上，网络教学是指在教学过程中运用了网络技术的教学活动；狭义上，网络教学是指将网络技术作为构成新型学习环境的有机因素，充分体现学习者的主体地位，以探究式学习作为主要学习方式的教学活动。不论广义还是狭义，网络教学通常都是建立在网络基础上的，所以我们可以将之简单地归并为建立于网络基础上的教学。网络教学突破了传统教学的时空限制，能够为学习者提供一个主动的、交互式的学习环境，实现学习者的个性化学习。网络教学的实际应用是多层次、多角度的，它可以是一个完整的教学系统，涉及教与学的各个环节；也可以是一些具体的教学活动，如在线辅导、在线测试等。就网络教学这一概念而言，有时与网络教育并没有严格的区别，但教学与教育是有较大区别的。网络教学应该是一个微观层面上的概念，网络教育是一个宏观层面上的概念。在本教材中，我们将网络教学作为一种人才培养方法来讨论，而网络教育是一种人才培养模式，它涉及人才培养的目标、模式及方法。

二、网络教学的特点

网络教学的根本特点，是改变了教与学双方的关系与地位，突破了传统的以教师为中心的教学模式的限制，实现了学习者的主动式、探究式学习。一般说来，它具有以下6个特点。

（一）自主性

与传统教学中以教师或几本参考书为仅有的信息源相比，网络教学为学生提供了丰富多彩的学习信息资源。在网络环境下，学生可以自由地选择信息源，这一点是自主学习的前提和关键。

在网络中，学生可以按照他们各自的实际情况来设计和安排学习，使之成为学习的主体；学生通过对信息的接收、表达和传播而获得一种成就感，从而进一步激发学习的兴趣和自主性。

（二）交互性

在传统教学中，教师与学生、学生与学生在教学过程中相互之间的交互性极为有限，教师与学生之间的信息传播更多的是一种从教师向学生的单向传播，同学之间就学习问题进行的交流也是极少的。

网络教学的设计可以使教师与学生之间在教学中以一种交互的方式传播信息。教师可以根据学生反馈的情况来调整教学；学生不仅可以和自己的任课教师进行相互交流，还可以向提供网络服务的专家提出问题，请求指导，并且发表自己的看法；学生之间的交流也可以通过电子邮件和BBS等网络技术实现，学生不仅能够从自己的思考过程中获取知识，还能够从别人的观点中获取知识，从而达到建构和转换自己知识的目的。此外，学生还可以根据网络提供的反馈信息，在学习过程中不断调整学习内容和进度，自由进退，自主构架。

（三）个性化

传统教学在很大程度上束缚了学生的创造力，学生的个性得不到充分发挥，学生的学习需要不可能完全获得满足。

网络教学却可以进行异步的交流与学习，学生可以根据教师的安排和自己的实际情况安排学习，可以利用网络在任何时间进行讨论及获得在线帮助，从而实现真正的个别化教学。此外，网络中有大量的个性化教育资源，如专题网站、教育专家个人网页等，这些网上资源为学生个性化学习提供了前所未有的选择空间。

（四）共享性

网络教学的实质是通过网络教育信息资源的传输和共享来实现教学。在现实的教学活动中，优质的教学资源如教师、图书资料以及实验设备等总是有限的，大多数学习者没有机会享受到优质教学资源所提供的方便与高质量。通过网络教学，学习者就有机会共享各种优质教学资源。

（五）开放性

传统教学只能在教室中进行，学习者必须在指定的时间内到指定的教室中才有机会实现其学习的愿望。网络教学提供了一个开放的自由空间，不受时空限制。只要能够访问网络，任何人可以在任何时间、任何地点实现其学习的愿望。

（六）数字化与多媒体化

在网络教学环境下，教学内容以数字化的形式呈现在学习者的面前，且教学内容的载体不是传统的单一的文字形式，而是通过文字、语音、图形图像等多种形式的媒体来表示的。

三、网络教学的基本模式

网络教学与传统的教学相比，无论是教学环境还是教学手段都有很大的不同，因此教学模式也有相应的变化。网络教学的基本模式可以从不同的角度，按照不同的方法进行分类。从网络教学实施形式的角度出发，网络教学的基本模式可以分为如下5类。

（一）讲授式

网络教学模式传统的经典教学模式是讲授型教学模式。通过网络进行的传统教学模式可分为同步式讲授和异步式讲授两种。同步式讲授模式除了教师和学生不在同一地点以外，其余和传统教学模式完全相同；异步式讲授模式的实现比较简单，教师将准备好的教学要求、教学内容、课后作业等素材编制成HTML主页文件，存放在Web服务器上，学生通过浏览器浏览这些主页即可。

（二）个别式

网络教学模式个别式网络教学模式可以通过因特网的CAI软件及教师与单个学生之间的密切通信来实现。应用CAI软件有3种方式：第一，在公共FTP文件服务器中提供CAI软件资料库，学习者下载网上的CAI软件并运行该程序进行个别化学习。第二，在WWW浏览器中运行CAI软件。各种CAI软件被内嵌到网页中，学习者可以通过浏览器直接运行CAI软件，这样可以大大地增强教学材料的交互性和实时性。第三，基于Internet实施个别化教学方式。个别辅导模式中教师对学生的个别化指导既可以通过电子邮件异步实现，也可以通过Internet在线交谈方式同步实施。

（三）讨论式

网络教学模式讨论式网络教学模式可以分为异步讨论和同步讨论两种。异步讨论模式一般是通过BBS建立并提供与该教学内容密切相关的学科主题或专题讨论组，在教师的监控下，学生根据自己的学习情况选择有关的讨论组，与其他学习者讨论交流。同步讨论则是通过网络在线聊天系统，就学生关心的问题或教师提出的问题进行实时性、聊天式的讨论。

（四）探索式

网络教学模式探索式学习包括：提出问题、分析问题、搜集有关信息、对所获得的信息进行综合分析、抽象上升分析结果到理论、对结论进行反思这六个阶段。探索式网络教学模式，在网络技术的支持下，使学生在独立学习、探索和获取知识的同时，提高独立解决问题的能力和技巧。

一种名为Web Quest（网络主题探究学习）的探索学习模式在国外中小学教学中得到广泛的应用。Web Quest是一种利用Internet资源的授课计划或者课程单元，通过向学习者提出一些需要探索的任务和参考资源，引导学习者运用所学的知识解决一定难度的复杂问题，从而促进学习者以较高水平思考及解决问题。

Web Quest的核心是提出一个开放性问题，鼓励学生回顾原先掌握的知识，激发他们进一步探索的动机。Web Quest的任务与步骤部分提供了一个“脚手架”，引导学生经历专家的思维过程，让学生能够继续钻研相对单一的任务。Web Quest提供可便捷存取的、有质量的信息，如web站点、电子刊物、虚拟旅行、电子公告板、电子邮件等在线资源，以及读物、电子光盘、杂志、实地考察、贵宾演讲等离线资源，以便学习者能较快收集信息并分配更多时间用于解释和分析信息。Web Quest的焦点是要让学生应用他们的知识，建设性地解决真实问题，如创编好莱坞式的歌舞表演、通过电子邮件提交实地考察或动手做活动的报告、制作自己的网页等。Web Quest需要教师能有效评价学生活动。

（五）协作式

网络教学模式协作式网络教学模式有两种形式：一是以协作、互助学习小组身份登录网络，参与协作学习；二是以个体身份登录网络，参与协作式学习。前者一般由4～5人组成一个协作学习小组，在组内进行互赖性的学习；后者则是以个人身份通过竞争、协同、伙伴和角色扮演等方式，在网络中彼此进行协作交流。

四、网络教学系统的结构

基于网络的教学系统是一个由硬件、软件、教学内容、教学管理机构组成的一体化有机的系统。

（一）硬件结构

支撑网络教学系统的物质基础就是一个实际的计算机网络。一般要具有如下模块：接入模块、交换模块、服务器模块、网络管理与计费模块、课件制作与开发模块、双向交互式同步教学模块。

接入模块的主要功能是让学生和教师能够以多种方式访问网络资源，从而达到教学的目的，其主要设备是路由器和访问服务器：路由器的主要作用是通过网络专线将整个网络接入Internet，访问服务器的主要作用是使学生可以访问网上的教育资源，从而达到学习的目的；交换模块是整个网络连接与传输的核心，主要的设备有主干交换机、分支集线器和连接各模块的网络电缆，由它们组成整个骨干网络；服务器模块主要负责信息的收集、储存、发布，它们是对外提供教学与信息服务的主要实体；网络管理与计费模块主要对整个网络进行监控、诊断故障和记录网络使用者的资费信息；课件制作与开发模块主要是开发、维护网上的教学内容与教育资源，以实现教育信息的不断更新与丰富；双向交互式同步教学模块是一个基于高速数据网络双向可视会话系统，它可以将演播教室中教师的讲解情况实时传送到远程多媒体教室，教师在讲解中，还可以看到远程教室中学生的表情与神态，并能接收到学生的询问，类似于本地课堂教学。

（二）软件结构

一个完整的基于网络的教学系统需要专门的教学支撑平台，即网络教学平台。一般包括备课、学习、授课、辅导答疑等功能模块，在实际开发时可根据情况有针对性地加以取舍。

1.备课功能模块

为了保证教学内容的开放性，网络教学系统必须具有在线备课功能模块。备课功能模块具有两个功能：

（1）基于课程内教学资源库的在线备课：能够在线修改网络课程的教学内容、相关资源（文、图、声、像）、教学目标、教学重点和学习方法。

（2）在线提交教材、教案：能够方便地提交教师在本地制作的电子教材、教案。

2.学习功能模块

要想体现“以学为主”的教学思想，学习功能模块是必不可少的。学习功能模块通常具有如下功能：

（1）实现对教学内容的动态适应，对于不同起点的学生，提供难易程度不同（教学目标一致）的教学内容。

（2）提供教学内容的导航。

（3）提供协作式的问题解决。

（4）实现自适应学习策略选择。

3.授课功能模块

这里所说的授课功能模块是指帮助教师实现基于Internet的同步授课活动，或实现无教师参与的异步授课活动的功能模块。其功能如下：

（1）提供电子教案、视频教材等教学资源，为教师课堂授课提供支持。

（2）利用专用的网络教学直播系统或视频会议系统（微软的Net Meeting也可以），为教师网上实时授课提供支持。

（3）提供流媒体教材，为学生调用该教材进行学习提供支持。

4.辅导答疑功能模块

在网络课程的教学中，师生缺乏面对面的交流，因而网络教学系统必须提供答疑功能，为学生及时解除学习中的困惑，同时为教师提供关于学生学习效果的反馈信息。其功能如下：

（1）实现基于Web的自动答疑。

（2）提供“疑问—解答”库检索、管理功能。

（3）提供滞后式答疑功能。即对计算机无法自动回答的问题，将问题反馈给相应教师，由教师回答后再返回给提问者，并更新答疑资料库。

5.作业发布、批阅功能模块

网络课程的作业模块应当包含如下功能：

（1）提供基于Web的发布作业功能。

（2）提供基于Web的学生在线完成、提交作业功能。

（3）提供基于Web的教师在线批改、点评作业功能。

6.讨论学习功能模块

讨论学习功能模块是学生之间互相讨论、交流的一个重要手段，是实现协作学习模式的重要途径，应包含如下功能：

（1）发起讨论主题。

（2）参与主题讨论。

（3）讨论内容管理。

7.题库管理功能模块

题库是作业、考试、自测模块所使用的资源，包含如下功能：

（1）提供各种题型，满足作业、自测与考试需求。

（2）提供教师管理试题（检索、增加、修改和删除）的功能。

8.考试、自测功能模块

考试与自测是学生自我评估和教学分析的主要数据来源，包含如下功能：

（1）提供教师在线组卷功能。包括制定组卷策略、随机组卷与人工组卷。

（2）提供学生随机组卷功能。

（3）提供设置考试策略的功能。

（4）提供在线考试功能。

（5）提供教师在线阅卷功能。

（6）提供针对学生学习效果、组卷、试题和教学成果的评价功能。

9.虚拟实验环境

虚拟实验环境是为学生提供近似真实的实验环境的重要手段，同时也是危险性大、造价高的大型实验的有效替代手段。此功能模块包含如下功能：

（1）提供实验简介与要求。

（2）提供基于Web的三维立体环境。

（3）提供可视化的实验对象与操作机制。

（4）提供实验用户之间的协作机制。

10.教学分析功能模块

教学分析是网络课程中必须具备的一个教学功能，它有助于学生了解自己的学习效果，改进学习方法，同时有助于教师对教学方法和教学设计进行必要的调整，提高教学质量。此功能模块包括以下功能：

（1）自测效果分析。

（2）作业情况分析。

（3）答疑情况分析。

（4）考试情况分析。

（5）讨论情况分析。

11.教学管理功能模块

教学管理是网络课程中保证教学有序、有效进行的必要手段。此功能模块包括如下功能：

（1）学生注册、认证管理。

（2）学生成绩管理。

（3）教学资源管理，包括资源分类、增加、删除、修改和检索等。

以上各模块都需要以特定的用户账号登录，用户一般分为超级用户（系统管理员）、教师用户、学生用户和访客（Guest）用户四种。不同的用户权限不同，能够浏览和管理的模块也不同。

（三）信息组织结构

网络教学实施过程中的信息组织结构与传统的信息组织机构基本保持一致，但有些物质化形态的结构演变成了网上的虚拟结构。

（1）招生与注册管理——网络化的办公室，类似于传统的教学中学校将学生招进来并进行相应的管理。在网络教学系统中，学校通过网络发布招生信息，学生通过网络提出入学申请，学校对其资格进行检查认证，最后学生通过网络报到注册。

（2）同步教室——学生的根本任务是学习，通过网络教学系统的学习虽然与传统的学习有很大的差别，但基本的学习行为还是相同的，学生可以通过同步教室进行日常学习，同步直播教室就是同步教室的一种。

（3）在线讨论及休闲娱乐——在网络化的学习环境中，学生同样需要获取帮助、与其他同学互相交流，也需要一定的休闲娱乐。通常实现这一功能的是类似于BBS的在线讨论区或者虚拟咖啡馆之类。

（4）网上图书馆——网上图书馆的一个时尚称呼是数字化图书馆，其中存放着各类电子杂志和电子报纸以及其他相关的学习资源。

（四）职能部门的组织结构

同其他教学系统一样，基于Internet网络的教学系统同样需要一个机构来维持它的运行，进行日常管理、教学和研究工作。

教学研究组研究基于网络的各种教学模式的特点，开发适合于网络教学的文字教材，研究网络教学发展动向，研究国家教育政策的发展变化趋势。教学支持组负责主持学生学习，对学生反馈信息做出应答，如疑问解答、作业评阅等。业务发展组负责发展上网学习的学生，进行广告策划、网络广告业务营销，以及进行相关辅导材料、软件、VCD的营销。技术支持组负责将文字教材制作成网络电子教材，开发与维护教学业务系统，提供教学业务运作中的技术支持，收集学生的反馈信息，发布教师的应答信息，管理与维护服务器，维护与开发网络教学系统。财务组负责所有项目的财务审核与结算。

五、网络教学的现状与未来

网络教学是随着Internet的快速发展而成长起来的，尽管其开展的时间还不是很长，还有许多需要完善的地方，但其强大的生命力是不言而喻的。美国是世界上最早实现高等教育大众化的国家，目前有超过60%的企业通过网络教育进行员工的培训和继续教育，通过网络教学获得高等教育学位的学生大约占全国高等学校在校生人数的8%。与发达国家相比，我国目前的网络教学还存在着一定的差距。我国在各试点学校初步摸索出一套网上办学的模式，同时开发出一批网上课程和教学资源，初步形成了校内基于校园网的多媒体教学与校外远程教学同时进行并相互融合的开放办学格局。

网络教育无疑是未来教育发展的一个重要方向，特别是在我国，由于人口众多，教育资源相对短缺，网络教育更具有巨大的发展空间。我国网络教育的发展战略是："充分利用各种网络基础设施，开展教育信息化关键技术研究，构建覆盖全国的各级各类教育服务平台；建设丰富的教育资源，开发典型的、东西互动的教育应用示范系统；构建开放式、网络化全民学习、终身学习的教育体系，实现教育跨越式发展，满足全面小康社会的需要。"具体的目标与任务可以分解为以下3个方面。

第一，到2020年，全国超过8亿人可以通过宽带光纤、无线通信、数字电视等多种途径高速接入互联网；建设高质量的教育资源库，大力开发优秀教育教学软件；构建各级各类教育服务平台，为各行各业的教育、培训提供优质服务；建设以学校、企业培训中心、社区图书馆为依托的学习服务中心网点，运用远程教育为全民提供适合当地需要的教育培训；提高网络教育的社会经济效益。

第二，到2030年，利用信息技术构建网络教育及终身学习体系，支持国民人均受教育年限提高到或者接近于12年，继续教育和职业技能培训年规模超过2.5亿人次，全国有5亿人接受教育及培训。支持我国由教育中等发达国家迈入教育较发达国家行列。

第三，开展关键技术研究和组织重大工程项目。实现为数以亿计的用户提供各种层次的质优价廉的网络教育，需要加速提高教育信息化程度和实现与之相关的信息关键技术的突破。如海量信息的存储和共享、知识安全等大量的关键性技术需要研究并取得突破。

第二节　网络课程

网络课程是网络教学系统的基础，丰富的网络教育资源是决定网络教育质量的一个关键要素。随着网络教育的发展，各种网络资源日渐丰富，网络课程的数量也在迅速增长。值得一提的是在申请国家精品课程时，要求参选课程必须配有网络课程，这更加凸显了网络课程的重要性。

一、网络教学资源

教学资源建设是教育信息化的基础，是需要长期建设与维护的系统工程。由于教育资源的复杂性和多样性，使得人们对它的理解各不相同，会出现大量不同层次、不同属性的教育资源，因而不易于管理和利用。为了更有效地建设好各级各类教育资源库，促进各资源库系统之间的数据共享，提高教育资源检索的效率与准确度，保证资源建设的质量，制定教育资源建设规范是十分必要的。

（一）网络教育资源种类

根据我国教育信息化技术标准中《教育资源建设技术规范》的定义，网络教学资源包括网络课程、媒体素材库、试题库、案例库、课件库、常见问题等九类。媒体素材库在整个资源中是最基础的，课件库中的课件、案例库中的案例、常见问题解答、网络课程，甚至试题库都可能要使用媒体素材库中的媒体数据。而网络课程又由多个知识点的课件或不同教学环节的课件、自测或考试题库等综合而成。

（二）网络教育资源建设

网络教育资源建设包括以下四个层次：

（1）素材类教育资源建设，主要有媒体素材、试题、试卷、文献资料、课件、案例、常见问题解答和资源目录索引这8种类型。

（2）网络课程建设。

（3）资源建设的评价。

（4）教育资源管理系统的开发。

在这四个层次中，网络课程和素材类教育资源建设是基础，是需要规范的重点和核心；第三个层次是对资源的评价与筛选，需要对评价的标准规范化；第四个层次是工具层次的建设，教育资源管理系统的研制开发。网络课程和素材类资源的具体内容千变万化，对应的管理系统必须适应这种形式的变化，充分利用它们的特色。

所有上述资源库都分别建有其索引信息，以便快速地查询、浏览和存取。基于远程教育资源库的教学工具、学习系统、授课系统、教育资源编辑和制作系统都可能要与媒体素材库、试题库、试卷库、课件库、案例库、常见问题解答库、资源目录索引库和网络课程发生关联，考试系统要与试题库系统发生关联，评价系统则涉及教育资源的各个部分。

现代远程教育资源管理系统包括资源库的管理（媒体素材库管理、试题库管理、试卷库管理、案例库管理、文献资料库管理、课件库管理、常见问题解答库管理、资源目录索引库管理和网络课程管理）及系统管理（安全管理、性能管理、计费管理、故障管理等）。

二、什么是网络课程

网络课程就是通过网络表现的某门学科的教学内容及实施的教学活动的总和，它由两个组成部分：按一定的教学目标、教学策略组织起来的教学内容和网络教学支撑环境，网络教学支撑环境特指支持网络教学的软件工具、教学资源以及在网络教学平台上实施的教学活动。关于网络教学环境的内容在本章的第一节已有介绍，本节不再重复这方面的内容。网络课程首先是课程，其次我们强调它必须具有网络的特点。“所谓课程是指在学校的教师指导下出现的学习者学习活动的总体，其中包含了教育目标、教学内容、教学活动乃至评价方法在内的广泛的概念。”网络课程还要考虑到教育信息的传播方式发生了改变，并由此而产生的教育理念、教育模式、教学方法等的极大改变。

三、网络课程的结构设计

网络课程是网络教育资源建设的重点，也是各种资源有机组合的体现者。一门完整的网络课程一般包括以下9个部分。

（一）教师信息介绍

教师的基本信息，如姓名、联系方式、教学简历、科研领域和成果以及照片等。

（二）课程简介

为学习者提供一些关于课程以及每个教学单元的提示信息。它包括：课程信息（包括课程名称、课程学时、所用教材、参考书籍和资料、教学目标和要求、学习重难点、考核方式等）、教学大纲、教学计划和进度、课程发展历史。

（三）电子讲稿和相关资料

电子讲稿可以是HTML、DOC、PPT、EXE等格式的课件或文档，是学生学习的基本材料和主要内容。在具体设计的时候，电子教材应按章节或按“讲”组织，如一章对应于一个电子文档，或一“讲”对应一个电子文档。电子讲稿不应是文本的简单电子化，而应是经过教学设计的、多媒体、交互的、超链接合理丰富的信息组织体。

教师设计的教学课件呈现的内容毕竟有限，丰富的相关资源和参考学习资料将有利于学生进行探索和发现，满足学生的不同个性化需求。相关资料中可包括某一知识点的背景与深入探讨、他人的课件等。

（四）教学录像

教学录像是教师的一至两次的教学实况。一般为RM或ASF等流媒体的格式。播放时，一边是教学录像，一边是教师的电子讲稿。教学录像可以让将要选修该课程的学生了解任课教师的教学风格。

（五）作业与实验

每章或每讲结束后的作业，可以是静态的作业列表形式，也可以是在线式的作业系统。后者一般包括作业上传、教师批阅等功能。实验应与每章或每讲内容对应，应有详细的实验任务目标等。有些实验还可以在线完成，即提供虚拟实验环境，这需要通过较为复杂的编程技术实现。

（六）试题与测试

试题可以是历年考试试题或相关的分类复习题、综合复习题等，一般以静态网页形式表现。测试通常有两种形式，一种是有试题库支持的自我测试。学生可随机抽题、在线自我测试，完毕后可获得评分和评价信息等，教师可以出题，设置题目难度和分值等；另一种是网上集中测试，教师通过教学平台“发试卷”后，在线学生才能看到试题，教师宣布考试开始后（可通过网页发布信息），倒计时开始，学生开始答题，时间结束后自动交卷。

（七）教学公告

教学公告可供教师发布课程最新信息，如课程安排、内容更新提示等。

（八）教学讨论区

教学讨论区是师生对学习问题的讨论场所。教师应及时回答学生提出的问题，一般还应定期在线与学生交流。

（九）其他可选模块

其他可选模块如学习日历可以用来安排学习时间和进度，网页记事本可以用来记录学习心得等。

四、网络课程的教学设计

网络课程本身就是一个教学系统，对该教学系统进行教学设计的优劣将直接决定着网络课程的教学功能的实现情况。网络课程设计中的教学系统设计主要包括以下几个方面：学习者特征分析、教学内容的选择与设计、教学目标的确定、教学策略的制定、评价的实施等。

对网络教学各要素的系统分析和设计是网络课程实现其教学功能的重要保障。本书第三章详细介绍了教学系统设计的相关内容，这里不再赘述。但我们应该注意网络课程设计中的教学系统设计，它有以下特点：首先，它是一个“学教并重”的教学系统设计，既注重教师的教，更注重学生的学，把教师和学生两方面的主动性、积极性都调动起来，也就是说既重视体现学生的认知主体作用，又不忽视教师的指导作用。其次，它是一个动态、开放的系统设计过程，对网络课程的设计不是一次就能完成的，对它的优化和完善也不是一次就可以实现的。

五、网络课程评价

网络学习有别于传统的课堂学习模式，因而传统的课程评价标准不能直接用于其中。目前，国外已经对网上学习的评价十分关注，对网络课程、网上学习工具和环境的建构进行了深入的研究。我国的网络课程评价研究也于20世纪末开展。

（一）国外网络课程评价标准简介

世界上的一些发达国家很早就将网络应用于教学和学习中，但因各个国家、地区之间的地域差异和利益方面等原因，目前尚无广泛认可的网上学习评价方案。以下介绍三个比较有价值的评价标准：

1.*E.Learning Certification Standards*（在线学习的认证标准）

*E.Learning Certification Standards*是由以Lynette Gillis博士为主创者的著名教学设计与适用专业委员会建立的认证标准，该标准从可用性、技术性和教学性这三个方面对在线学习进行评价。可用性共包括8个子项，主要针对用户在网上学习时操作的方便性，如导航、界面、帮助、提示信息和素材内容在视觉和听觉方面的质量；技术性包括6个子项，这部分内容提出了网络课件安装和运行时的技术指标；教学性在这一标准中所占比重最大，它从教学设计的角度，对目标、内容、策略、媒体、评价等各个方面提出了18个　子项。

2.*A Framework for Pedagogical Evaluation of Virtual Learning Environments*（虚拟学习环境的教育评价框架）

英国Wales—Bangor大学的Sandy Britain和Oleg Liber从评价策略的角度介绍了两种不同的模型。一种是Laurillard提出的会话模型（The Conversational Framework），主要把教师和学生、学生之间及学生与环境通过媒体进行交互的活动情况作为评价对象，从所提供的各种学习工具的交互性上考察一个虚拟环境的优劣；另一种是控制论模型，主要依据Stafford Beer’s的管理控制论中的可视化系统模型而改造成教育领域中应用的模型。

3.*Quality On The Line*（在线学习质量）

这是由美国高等教育政策研究所和Black Board公司联合发布的基于互联网的远程学习评价标准。这一标准包括：体系结构、课程开发、教学／学习、课程结构、学生支持系统、教师支持系统、评价与评估系统7个方面，又将这7个方面细化为24个必要的核心子指标项和21个非必要的可选子指标项，同时提供了采用这一标准对六所学院的网络课程进行评价的案例研究。

此外，一些文献虽然没有提出全面的评价标准，但提供了某一门具体的网络课程评价的案例研究，其中不乏有价值的策略，有很好的借鉴作用。

纵观当前国外网络课程的评价，除了要符合一般传统课程的基本要求，如清晰的教学目标、完整的知识体系、有效的作业和练习、合理的评价方式以外，我们可以发现一些与网络相关的特点：

（1）突出了交互的重要性。无论是教师与学生还是学生与学生之间，交互是整个网络课程中必不可少的环节，不仅能使学习者通过和别人（教师、同学）的交流促进对知识的理解和运用，更可在交流中实现情感和人格的完善，即使成年学习者也不例外。

（2）重视学习环境的创设。随着对各种学习观念的深入研究，人们更加认识到，网络课程不是将教材的内容原封不动地搬到网上，而是要发挥网络的特点，为学生创设一个虚拟的学习环境。

（3）教学管理与支持的评价内容占有很大比重。教学管理贯穿于学习者开始参与网络课程到最后考试测评的完整过程中，涉及学籍管理、成绩与学分管理、财务管理、课程计划管理、答疑管理等，它是保证各方面协调工作的调控者。

由于网络学习对教师和学生都有电脑技能的要求，他们不可避免地会产生操作上的困难，及时的在线帮助很有必要。当然，学习与教学的支持系统不只是在线帮助这么简单，它会从学习、事务、技术等方面都提供必要的支持。所以，上述的一些评价标准，都特别列出学生和教师所需要的各种支持。

（二）国内网络课程评价现状

我国的网络教育同国外一些发达国家相比，可以说是刚刚起步。随着人们观念的更新，在网上学习不仅仅是一种时尚的举动，更是逐步充实自我、实现自身各方面素质提高的必要途径。目前，网上大学如雨后春笋般涌现，除了教育部确定的40多所高校为现代远程教育试点院校以外，基础教育领域和一些企业单位也开办了面向不同层次学生的网上学习与培训。

我国“教育部教育信息化技术标准委员会”制定的网络课程评价规范，在参考国外资料的基础上，融入具有我国的教育特色和先进的教育教学评价理论。该评价规范由课程内容、教学设计、界面设计和技术四个纬度组成。其中约束性有“必需”和“建议”两个指标，M表示必需，O表示建议。

维度1：课程内容——课程内容应符合课程目标的要求，科学严谨，课程结构的组织和编排合理，并具有开放性和可拓展性。

维度2：教学设计——课程的教学设计良好，教学功能完整，在学习目标、教学过程与策略以及学习测评等方面均设计合理，能促成有效的学习。

维度3：界面设计——指界面风格统一，协调美观，易于使用和操作，具有完备的功能。

维度4：技术——所采用的硬件、软件技术能支持网络课程的可靠安装、运行和卸载，适合网络传输。要了解上述网络课程评价规范的具体内容，可以访问全国信息技术标准化技术委员会教育技术分技术委员会的网站，网址为http：//www.celtsc.edu.cn。

（三）网络课程评价的基本原则

纵观国内外网络课程评价情况，我们认为制定合理的评价标准应遵循以下原则。

1.全面原则

对网络课程进行评价时要根据系统论的观点，从整体出发，即考察课程各个部分的关联情况和综合性能，不能因为某一方面特别突出而以偏概全。对于不同的课程模块可能对学习者影响的程度不同，可设置合理的权重，以强调该模块的重要性。完整的评价标准应从三类用户（即学生、教师、管理员）的角度出发，对以下6个方面考察：

（1）网络传输系统：包括传输效率、学习材料的传输质量、响应与反馈的延迟。

（2）教学系统：包括一门课程完整的教学内容、激发学习动机的机制、支持不同学习策略的教学活动。

（3）交互系统：包括教师和学生、学生和学生之间各种形式的同步、异步交互。

（4）教师／学生支持系统：包括在线疑难解答、丰富的学习资源、系统使用指南、技术支持等。

（5）评价系统：包括对学生在这门课程中的考试与作业的评价、对学习过程参与度的评价、对教师的评价、对课程系统的评价。

（6）管理系统：包括学籍管理、成绩与学分管理、财务管理、课程计划管理、答疑管理等。

2.客观原则

对事物进行量（或质）的记述，我们称为“事实判断”。事实判断是对事物的现状、属性与规律的客观描述，它的基本要求是它的客观性，即真实地反映事物的本来面目。“事实判断”是评价活动的基础，因此评价最基本的原则就是客观，要协调评价者之间的价值观念，最终形成对该事物客观一致的评价。

3.重视学习原则

学习的发生是学习者积极主动建构主观图式的过程，学习者是学习的主体。因而，在对网络课程进行评价时，唯一的出发点是一切以促进学习者有效的学习为目标。所有的学习活动和资源都要与教学密切相关，激发学生主动参与学习，而无关的资源和干扰性活动将是评价标准中需要否定的内容。此外在制定评价标准时，没有必要过于追求高品质的学习材料而降低网络传输速度，而应以适合教学和学习为前提。

第三节　网络教学的标准

网络教学的基本特点是学习资源的共享性和系统的互操作性，这对于教育系统的实用性和经济性具有决定性意义。网络教学标准是保证共享及互操作的基本措施。因此国际上有不少企业机构和学术团体致力于网络教育技术标准的研究与开发，并且已经产生了一大批标准化成果。我国也于2000年开始投入人力开展这方面的研究工作。下面就对有关网络教育技术标准化研究工作的概况作一介绍。

一、美国的网络教育技术标准化研究

美国的网络教育技术标准化研究工作起步最早，并且有几个标准进入了实用阶段。下面介绍几个比较有影响的标准开发组织及其成果。

（一）AICC－AGR

美国航空工业计算机辅助训练委员会（AICC：Aviation Industry CBT Committee）早在1993年就提出了CMI（计算机管理教学）互操作指导规范，使得不同开发商提供的局域网课件可以共享数据。1998年又将此规范升级成为适用于基于Web教学的CMI标准。至今，AICC已经推出了一系列统称为AGR（AICC Guidelines and Recommendations）的技术规范，主要包括：CBT教学平台指南（AGR－002）；DOS版数字音频指南（AGR－003）；局域网版CMI互操作指南（AGR－006）；Web版CMI互操作指南（AGR－0010）；学生用户导航控制指南（AGR－009）。

（二）ADL－SCORM

美国国防部于1997年启动了一个称为“高级分布式学习”（ADL：Advanced Distributed Learning）的研究项目，该研究的主要成果是提出了一个“可共享课程对象参照模型”（SCORM：Shareable Course Object Reference Model），其目的是为了解决如何使课程能够从一个平台移植到另一个平台，如何创建可供不同课程共享的可重用构件，以及如何快速准确地寻找课程素材。SCORM提出了用一种标准方法来定义和存取关于学习对象的信息，只要遵循这种标准，不同的教学系统之间就像有了一种共同的语言，彼此就可以互相沟通。

（三）IMS

1996年美国大学校际交流委员会设立了一个称为IMS（教学管理系统）的研究项目，后来发展成为非营利性的IMS全球学习联合公司，专门从事教学系统技术标准制定和推广工作，现在已在英国、澳大利亚、新加坡设有分公司。IMS全球学习联合公司提出的学习

技术系统规范，已经成为一个较有影响的行业标准。

二、欧洲的网络教育技术标准化研究

欧洲在开发与网络教育的相关标准方面也有较长的历史，早在20世纪80年代中后期，原欧共体就在一个名为DALTA的大型工程中提出研究网络化教育的联网技术标准和多语种教育平台标准的研究内容。目前还在积极开展相关标准研究的组织主要有：

（1）欧洲远程教学创作与销售网联盟（ARIADNE：Alliance of Remote Instructional Authoring and Distribution Network for Europe）；

（2）促进欧洲社会教育与培训中使用多媒体工程（PROMETEUS：Promoting Multimedia Access to Education & Training in European Society）；

（3）欧洲标准委员会／信息社会标准化系统（ECS／ISSS：European Committee of Standardization／Information Society Standardization System）；

（4）GESTALT（Getting Educational Systems Talking Across Leading—Edge Technologies）和欧洲谅解备忘录（MoU：European Memorandum of Understanding）及TOOMOL（Toolkit for the Management of Learning）。

三、有关国际组织的网络教育技术标准化研究

网络教育技术标准的迫切需求引起了有关国际组织的重视，目前影响较大的主要有DCMI、IEEE—LTCS、ISO—JTC1／SC36、W3C和ASTD。

（一）OCLC－DCMI

1995年3月美国在线计算机图书馆中心（OCLC：Online Computer Library Center）与国家超级计算应用中心（NCSA：National Center for Supercomputing Applications）在俄亥俄州的都柏林召开了一次国际研讨会，探讨如何建立一套描述网络上电子文件特征、提高信息检索效率的方法，当时的参加单位成为都柏林核心成员，随即开始启动电子图书馆对象元数据标准的研究项目，称为都柏林核心元数据研究行动（DCMI：Dublin Core Meta data Initiative）。

（二）IEEE－LTCS

国际电气和电子工程师协会（IEEE）成立了一个学习技术标准委员会，简称IEEE－LTCS（Learning Technology Standard Committee），组织力量开展有关标准的研究工作。已经有十几个工作小组和研究组正开展各项标准的制定工作，最终将形成IEEE 1484标准体系。

（三）ISO－JTC1／SC36

国际标准化组织ISO于1999年成立了一个JTC1／SC36委员会，专门从事学习、教育、培训技术标准的征集、修订和批准工作。目前提出了5类标准需求（词汇术语、系统构

架、学习内容、管理系统、协作学习），已有美国、英国、德国、日本、乌克兰等国提交了标准议案。

（四）W3C

万维网联盟（W3C：World Wide Web Consortium）致力于开发在Internet上支持资源共享和系统互操作的多种标准。这些标准虽然不是专门针对网络教育应用的，但在制定网络教育技术标准时被广泛引用，作为其支撑性标准，最主要的有：扩展标记语言XML规范、资源描述框架RDF规范、同步多媒体整合语言SMIL规范、互联网内容选择平台PICS规范。

（五）ASTD

该标准由ASTD（美国培训开发协会）提出分为三部分（可用性、技术、教学设计）共32条。可用性部分包括导航、定向、反馈提示、作品链接、标记链接、帮助信息、易读性、文本制作质量等；技术部分包括技术要求、媒体安装、媒体撤除、可靠性、响应性、媒体导出等；教学设计部分包括告知目的、要求应用、获得注意和保持兴趣、维持动机、引导相关知识、举例和演示、呈示内容、提供应用练习、促进近迁移学习、促进远迁移学习、提供综合练习机会、提供反馈、近迁移反馈、远迁移反馈、提供教学帮助、评估学习、使用媒体、避免认知超负等。

四、我国的网络教育技术标准化研究

2001年，教育部组织有关专家成立了一个现代远程教育标准化委员会（2002年年初更名为教育部教育信息化技术标准委员会），专门从事网络教育技术标准的制定和推广工作。

我国的现代远程教育标准开发工作以国际国内网络教育的大发展与大竞争为背景，以促进和保护本国现代远程教育的发展为出发点，以实现资源共享、支持系统互操作、保障远程教育服务质量为目标，通过跟踪国际标准研究工作和引进相关国际标准，根据我国教育实际情况修订与创建各项标准，最终形成有本国特色的现代远程教育标准体系。通过此项目还能够形成一支信息化教育标准研究队伍，使我们今后有能力参与此领域的国际合作与竞争。2015年，由现代远程教育标准化委员会制定的“我国现代远程教育标准研究框架”，是在综合吸收国际上诸多标准研究成果，特别是参照了IEEE 1484框架的基础上提出的。

五、XML在网络教育信息标准化中的应用

XML在各个领域中得到了广泛运用，为解决网络教育领域的许多问题提供了解决方案。

（一）什么是XML

XML是“可扩展标识语言”（Extensible Markup Language）的缩写，是针对包含结构化、半结构化信息的文档而设计的一种标记语言。XML是元语言中的一种，所谓“元语

言”，就是能够帮助不同个人和组织定制自己的标记语言的语言，定制后的标记语言可以在特定的应用领域中实现信息数据的交换。

XML是HTML的延伸。与HTML不同的是，XML语言能把数据与数据表示（例如界面）分开。这种特性能够让XML适合在网络上不同计算环境（无论是不同的操作系统环境，还是不同的设备显示方式）中采用一致的信息表示方式。

XML的本质特点是表达知识的语义。主要有以下3个特点。

（1）可扩展性。XML允许用户自行定义标记和属性，以便更好地从语言上修饰数据。在具体应用中，各个行业都可以根据自身的特点创建自己的行业词汇表。

（2）灵活性。XML提供了一种结构化的数据表示方法，使用户界面分离于结构化数据。XML有强大的数据描述能力，使复杂数据的表达变得方便。XML还有自我扩展能力，可以把对数据的约束减到最少。

（3）自描述性。XML有良好的语义，因为XML标签是对其所包含在XML数据的一个解释。应用程序在解析XML数据时，可以根据外层所套的XML标签知道数据的逻辑含义，进而可以过滤XML数据、查找满足特定条件的XML数据等后续数据处理工作。

此外，XML具有应用的健壮性和平台无关性。XML文档的有效性检查能有效排除垃圾数据的干扰，增强系统的健壮性。XML与具体的软硬件平台无关，这使得用XML表达的数据具有最大的通用性。

（二）XML在网络教育中的应用背景

在网络教育的初级阶段，由于缺乏统一的标准与技术手段，在不同的网络教育系统之间可能会有不同的数据格式，各个系统之间的数据交换无法实现。例如，在传统的网络系统中，一般均采用大型的关系数据系统存储教育资源。尽管数据都是以二进制形式表示的，但不同的数据库系统都有自己的专有格式，这给教育资源的表示带来了困难，同时也给不同系统之间的互相访问带来了困难，进而使教育资源的共享难以实现。缺乏统一的网络教育资源标准，还给教育资源发现带来了困难。虽然网络技术，特别是Internet技术，给资源的搜索与共享提供了方便。但学生搜索到的结果往往是大量的不相关内容，还需要手工过滤查找需要的内容。因此如何通过Web提供一种机制，让学生能够快速地、智能地查找到需要的资源，是网络教育中需要解决的一个重要问题。要解决以上问题，正如本章前面提到的，必须建立网络教育的统一标准。在网络教育信息标准的制定过程中，XML以其清晰的结构、良好的语义以及平台无关性而备受推崇。

（三）XML在网络教育信息标准化中的应用

要实现网络教育的资源共享，标准化是基本的前提与条件。XML的特点为网络教育信息标准化提供了极大的方便。

1.资源描述的标准化

由于资源描述的标准化是一项全新的工作，这需要一段时间的摸索和改进，同时也需要总结各个教学研究机构的实践和经验。所以在标准未制定出时，各个教学研究机构都已经拥有或者正在运用自己的力量开发适合自己的标准。重要的是当最终资源描述的标准出现后，只需要少量的工作和代价就可以运用于各种不同种类的教育资源。

XML提供了切合实际的、描述清楚的、易于读写的格式，提供了标准化的结构，利用它们可以定义需要的标记，或者使用其他组织定义的最适合需要的标记组。由于XML定义的只是一套标记，所以标准的改变不会涉及资源的具体结构，使用它来完成资源的描述可以做到很灵活的转变和更改。

2.资源信息提取、发布、查询的标准化

目前分布式的教育资源在各自的信息结构、存储组织、发布方式、检索方法、查询约束条件等各方面存在很大的差异。使用XML提供一套标准的资源描述方法的同时，也解决了信息提取、发布、查询的标准化问题。教育资源的客户端根据标准提出包含自己需要提取、查询的资源信息的XML标示，教育资源服务端可以根据这些标示生成包含相应信息的XML文档来响应客户端的请求，由于这个文档使用了XML结构化的具有具体意义的标示，所以客户端可以很容易从文档中识别和获取需要的信息。发布资源信息时教育资源服务端可以根据标准来生成包含了资源信息的XML文档，任何授权的客户都可以编制自己的应用程序来获取其中的信息。这样就可以使既定的标准能够很方便地应用到资源信息的提取、发布和查询中。

3.资源应用的标准化

根据XML定义的标准可以不用考虑资源库的类型和数据结构的复杂情况，设计出通用的资源应用程序，因为应用程序将只针对使用XML标准生成的包含了资源数据的XML文档进行操作。而且XML提供了切合实际的并清楚描述了的、易于读写的格式，应用程序将这种格式用于它的数据，就能够将大量的处理细节让几个标准工具和库函数去解决。程序将很容易将附加的句法和语义加到XML提供的基本结构上。这样大大提高了开发出的应用程序的可重用性和适应能力。

4.用XML实现信息文件格式、数据结构的标准化

由于XML可用来描述信息及对之进行组织，所以我们可以将它当作一种数据描述语言，用它来描述数据成分、记录和其他描述结构，甚至复杂的数据结构。我们可以用XML方便地创建出共享的自定义数据结构，生成有关服务、产品、商业交易以及网络教育的结构化信息，这些信息是可以在网上进行交换的。简单说，就是用XML能描述一个过程，原封不动地移动数据，重新对信息进行打包，让这些信息更适合特定的信息接收者。

如此一来，我们只要按照一定的规范用XML描述各种网络教育信息，包括学习资源、学习对象等信息，就可以实现网络教育信息数据结构的标准化。

（1）XML编码绑定技术。所谓绑定，就是用一种具体的形式来表示概念上的数据模型，如XML绑定等。只有这样，才能在实现时具体地表示对象的元数据实例，才能对元数据的实例进行各种操作。

（2）采用XML作为数据交换格式，实现网络教育信息交换标准化。由于XML是一个开放的基于文本的格式，在网上传输起来非常便捷。而且由于基于XML的数据是自我描述的，数据不需要有内部描述就能被交换，适合当网络客户必须在不同的数据库之间传递信息时的应用。这个优势使网上不同平台、不同系统、不同设备之间的数据交换得以方便实现。

利用XML的这个特性，再利用定义好的、通用的编码绑定，就能够采用XML作为数据交换格式，实现网络教育信息交换的标准化。

（3）XML能方便地进行数据的本地化、个性化计算和处理。XML格式的网络教育信息数据从服务器上发送出去时，数据的显示以及数据的再次处理可以交给客户端自己来个性化实现。这样不但减轻了服务器的负担，也使数据表示多样化和个性化，还简化了服务器与客户端之间的交互过程。

另外，通过XML描述网络教育资源，还有助于解决网络教育资源的快速发现问题。例如XML技术规范中的XQL等查询技术，可以提供更有意义的搜索能力。如果将所有的网络教育服务都用XML进行描述，那么结合一些先进的自然语言处理技术和服务描述工具，在网络上搜索发现教育服务将更为容易。

XML在网络教学中的应用是多方面的。例如，目前在课件制作标准化中广泛使用的中间件技术，也能够在XML的支持下得到很好的实现。

第六章　网络教学设计

第一节　网络教学设计的概念

网络教学设计，顾名思义，是对网络教学进行的设计。而网络教学是运用以多媒体计算机技术和计算机网络技术为核心的现代信息教学技术进行教学的一种现代教学方式，所以，网络教学设计与以往的教学设计相比，是一种现代教学设计。

一、网络教学设计首先是一种设计

设计（Design），是人类的一项生命活动。人类在自然和社会之中，怎样生存？怎样发展？总少不了想一想，算一算，计划一下，运筹一番，形成一个预期结果和行动方案，然后再付诸实际行动。这种在行动之前就在头脑中生成预期结果并形成一个行动方案的活动，可能就是人类最简单、最基本、最普通意义上的设计了。这种设计的产生十分久远，久远得可以与远古先人们为了生存的需要而开始打造第一块石头工具的活动同日而语；它的内容非常广泛，广泛得几乎涉及人类改造自然和社会以维持和发展生命所进行的一切生物性和社会性活动。大千世界，万事万物，数不尽人类设计的杰作；古往今来，所见所用，处处闪烁着人类设计的光辉。设计使人类的物质和精神生产不断得到改进和发展，使人类的物质和精神生活不断得到改善和提高。自然、人类、社会需要设计；设计是人类改造自然、社会和自身以维持生存和发展的一项重要的生命活动。

设计，是人类特有的一种创造性生命活动。人与动物的生命活动相比，最大的不同之处在于是不是有意识的创造。动物也有生命活动，但它靠的是本能，而不是有意识的创造。只有人的生命活动超出了这种本能，能够自觉地、有意识地真正按照自己的意志进行创造，去满足自身和社会的需要。正如马克思所说："……动物只是按照它所属的那个种的尺度和需要来建造，而人却懂得按照任何一个种的尺度来进行生产，并且懂得怎样处处都把内在的尺度运用到对象上去；因此，人也按照美的规律来建造。"在这里，马克思把"人也按照美的规律来建造"归结为人懂得运用"内在的尺度"，这正是在生命活动中人比动物高明的地方，是人类能够自觉地、有意识地进行创造的集中体现。而马克思所说的这种"内在的尺度"，实际上，就是人类在社会实践中逐渐形成的审美情趣、审美观念、审美理想、审美形式等，说到底，就是人进行美的设计与创造的目的和标准，或者说是美的规律。所以，设计不仅是人类对自己想做的事情所进行的一项简单的设想、计划、运筹和谋算的生命活动，而且是人类为了生存与发展而主动、自觉和有意识地进行的一种特有的创造性活动。

网络教学设计从大的概念来说，首先就是上述设计中的一个种类，是在现代信息教学技术条件下对网络教学的设计。

二、网络教学设计是一种现代教学设计

教学设计（Instructional Design，简称ID），是随着教学技术、“教”与“学”的理论和实践的发展而发展的。从古至今，如果可以把教学划分为原始社会的口耳相传和手示身教、17世纪开始的班级授课制、20世纪60年代末70年代初教学设计作为一个相对独立的学科在美国诞生并在世界各国传播、90年代初兴起的网络教学这四个时期的话，那么，可以说教学设计也相应地经历了原始教学设计、传统教学设计、科学教学设计和现代教学设计这四个阶段。网络教学设计就属于第四个阶段的现代教学设计。

作为现代教学设计的网络教学设计，不仅是一种创造性的生命活动，更是一种提高生命质量的创造性活动。这是因为，网络教学设计不仅是对物，更重要的是对人，是以人的学习为中心的、对人才成长的一种设计，即按照人的不断发展的“内在的尺度”，科学地运用现代信息教学技术，去教育、培养和塑造各种合格人才的一种设计。因此，它的目的不仅仅是一般地满足人的生命活动的需要，以保存、维持、延续和发展人的生命，更重要的是让人们学会利用现代信息科学技术，更好地开发和延长自身的生命器官，在德、智、体、美等方面获得更高层次的发展，提高其生命的质量，以更有效地进行各种创造性的生命活动，在更理想的程度上实现自我，适应信息时代社会飞速发展的需要。从这个意义上说，网络教学设计与一般设计相比，是一种更高层次的设计。

三、网络教学设计概念的表述

网络教学设计指的是运用以多媒体计算机技术和计算机网络技术为核心的现代信息教学技术，实施网络教学的条件下所进行的一种教学设计。同以往的教学设计一样，网络教学设计也可以从狭义和广义两个方面来理解。狭义网络教学设计是单指对网络教学过程的设计。它可以这样来描述：网络教学设计是在现代先进教学思想和理论指导下，运用现代教学技术和系统科学方法，分析、研究网络教学问题和需求，设计并试行解决方案、评价试行结果并改进解决方案，以优化网络教学过程，提高网络教学质量这样一个系统的计划过程。广义的网络教学设计是指对整个网络教学系统各个方面、各个环节的整体设计。它可以做如下描述。

网络教学设计是对网络教学目标、教学内容、教学策略、教学环境、教学资源、教学活动和教学过程等整个网络教学系统的整体设计。

与狭义的网络教学设计相比，这种广义的网络教学设计在当前来说显得更为重要。因为随着教育技术的发展，教学媒体越来越先进，特别是网络教学出现以后，教学人员之间的配合、教学环境的建设、学习资源的开发等原来作为教学一般条件的东西，现在已上

升到了关键地位，在教学中发挥着举足轻重的作用，以至于如果不把它们纳入教学设计之中，整个教学就难以开展。

例如，对网络教学环境的设计。如同人离不开自然界这个特定环境、自然界是人的无机的身体一样，如果离开了基于计算机网络条件下的多媒体教学环境，网络教学就会失去依托和用武之地，就根本无法开展。因此，对具有不同教学性质、教学形式和教学效果的网络教学环境的设计，无疑是网络教学整体设计的一个不可或缺的、前提性的组成部分。

再如，对网络教学课件的设计。课件，是在一定的学习理论指导下，根据教学目标设计的、反映某种教学策略和教学内容的计算机软件。对它的设计是计算机多媒体教学整体设计不可缺少的组成部分。进入以计算机网络为主的多媒体教学阶段之后更是这样，不仅要求设计出单机版课件，而且必须设计出能够在网上运行、使用的网络版课件，特别是网络课程。这种课件，集成性能高，知识容量大，交互功能强，生动、形象、直观，既便于人—机交互的个别化学习，又便于人—人交互的协作式学习。整个网络教学设计及其应用效果，即整体网络教学质量的高低，在很大程度上取决于这种课件设计的质量，因此，认真搞好网络教学课件设计，是搞好网络教学整体设计的重要一环。

鉴于此，本书既坚持网络教学设计狭义的概念或定义，又主张从广义的角度把网络教学环境和教学资源等的设计纳入网络教学设计的范畴。这种重点论和整体性相结合的教学设计观，是网络教学的客观要求。打个比方，网络教学环境设计就好比修路和造车；路修好了，车造好了，没有货不行，而对网络教学课件的设计就好比对货物生产的设计；路有了，车有了，货有了，怎样把货运送、营销到客户手中呢？对网络教学过程的设计就好比对装着货的车怎样通过路把货运送到客户手中并被客户有效消费的设计。这一设计是个关键。因为路修得好不好，车造得好不好，运营起来才能知道；货物生产得怎么样，运到客户手里使用才能知道。可见，货车的运营，蕴含着科学调度、安排、营销的技术和艺术，关系到成本、效率和效益等很多重要的问题。同样的道理，网络教学环境和网络教学课件的作用，也都必须通过网络教学过程才能展开并体现出来。网络教学过程设计中，包含着对教学内容、教学媒体、教学方法、教学评估、教学程序和步骤等重要方面的设计，是一个体现教学效率与效果的设计。所以，在网络教学环境、网络教学课件和网络教学过程三大方面的设计中，网络教学过程的设计是网络教学整体设计的重点。网络教学设计在形式上是一套进行系统化计划的具体工作步骤和程序，实际成果是经过验证的各个层次的网络教学系统方案，如先进而科学的网络教学环境、教学情境设计方案；优化的网络教学目标、教学大纲、教学计划、教学实验方案；由多种媒体（特别是电子媒体）、多种形式（特别是网络化多媒体课件）组成的配套教材的设计与制作方案；科学的网络学习指导书、测试题和精心选择的教师用网络教学资源；对各种网络教学辅助工作所做的详细说明；等等。

需要说明的是，网络教学设计成果并不都是有形的、可见的，有些设计成果是潜在的、无形的，还有些课程的教学或教学活动是不宜过细设计甚至不宜进行设计的。特别是高等院校的网络教学，很多教学方法和教学活动多是研讨式或问题解决式的，教学过程的不可预测性很大，有些问题很难预先估计到，不宜过细设计，更不可能有什么显现性的设计成果事先表示出来。另外，高等院校由于教学内容的理性化程度较高，抽象性、思辨性较大，很多内容难以用具体的物质形式表示出来，因此，设计成果可能只是一种不可见的思维方案。这些方面正是高等院校与中、小学校网络教学设计的区别所在。过去，有的教学设计教科书忽视这方面的区别，有些高等院校的教学设计照搬中、小学的方法和形式，致使教学设计成效甚微。这个教训应当汲取。

第二节　网络教学设计的技术基础

任何设计都是建立在一定的技术基础之上的，没有技术就没有设计，设计本身就是一定技术的体现。网络教学设计的技术基础是现代信息教学技术。现代信息教学技术，特别是多媒体计算机技术和计算机网络技术的迅猛发展及其在教学领域的广泛应用，首先造就了网络教学方式，进而把教学设计推进到了网络教学设计的崭新阶段。因此，要深入理解网络教学设计，不能不研究多媒体计算机技术、计算机网络技术以及以它们为核心的现代信息教学技术。

一、多媒体计算机技术

多媒体计算机技术是当今最活跃、发展最快的现代信息科学技术之一。但是，计算机一开始并非多媒体式的。多媒体计算机是由单纯进行数字运算的计算机一步一步发展来的。

（一）迅猛发展的计算机技术

世界上第一台全自动通用电子计算机——埃尼亚克（ENIAC），是1946年在美国军事尖端研究机构——阿伯丁弹道研究室诞生的。ENIAC是一台专门用于弹道曲线等大量复杂数字运算的、庞大而笨重的计算机。然而，就是它开辟了计算机技术的新纪元。从它之后，不到半个世纪，就有四代计算机问世。特别是20世纪70年代产生的第四代电子计算机——大规模集成电路计算机，已经拥有高密度、大容量的半导体存储器，装配了高性能、小型化的外围设备，研制出了多种多样的高级程序设计语言、操作系统、数据库管理系统。其用途也由开始时的数值计算扩展到了数据处理和控制管理等方面，在工业、农业、国防、科研、教育、医疗卫生等领域得到广泛应用。

（二）电子计算机的多媒体化

在第四代电子计算机的发展过程中，20世纪70年代初期诞生并迅速发展的微型计算机，70年代后期涌现出来的作为独立的微型计算机系统——个人计算机，特别是90年代以来个人微型计算机的多媒体化，在电子计算机发展史上具有重大的革命性意义。这些多媒体化的微型计算机，采用性能先进的多媒体处理芯片，把多种信息媒体集成在一起，通过标准化的多媒体和超媒体系统以及完善的计算机协同工作环境，综合控制和处理多种媒体信息。它们体积小、速度快、容量大、功耗低、性能可靠、类型多样、功能齐全、价格低廉、使用方便、用途广泛，因而迅速进入到家庭、办公室和各种学习、工作、生活及娱乐场所，波及全社会的各个领域，普遍受到人们的青睐，对社会的发展和进步产生了巨大影响。

多媒体（Multimedia）计算机中所包含的媒体，不是投影仪、投影片、幻灯机、幻灯片、电视机、录像带、录音机、录音带等实物性媒体，而是多种符号性信息媒体。主要有文本、图形、图像、动画、音频、视频等六种。多媒体计算机技术就是一种把这六种符号性信息媒体有机地结合在计算机之中，并由计算机综合控制和处理的信息科学技术。

（三）多媒体计算机的技术特点

1.高集成性

多媒体计算机采用具有高集成度的微处理器芯片，在单位面积上容纳更多的电器元件，大大提高了集成电路的可靠性、稳定性和精确性。多媒体计算机的高集成性还表现在把多种媒体信息有机地结合在了一起，使丰富的信息内容在较小的时空内得到完美的展现。另外，多媒体计算机对多种媒体信息的集成与影视作品不同，影视作品虽然也能把多种符号性媒体集成到一起，但那种集成是模拟化的集成、线性的集成和单项传输式的集成。而多媒体计算机的集成却是数字化的集成、非线性的集成和可交互式的集成。

2.全数字化

数字化是通过半导体技术、信息传输技术、多媒体计算机技术等实现信息数字化的一场信息技术革命。多媒体计算机的数字化技术，包括信息的数模转换技术、综合控制技术、数字压缩技术、语言识别技术、液晶显示技术、虚拟现实技术等，是用0和1两位数字编码来实现信息的数字化，完成信息的采集、处理、存储、表达和传输。数字化后的信息，处理速度快，加工方式多，灵活性大，精确度高，没有复制失真和信号丢失现象，便于信息的存储、表达和网络传输。

3.高速度

多媒体计算机采用的是高速的元器件，加上先进的设计和运算技巧，使它获得了很高的运算速度。1946年的第一台计算机ENIAC，一秒钟能完成5000次加法运算，比人工计算快20万倍。现在的多媒体计算机，其运算速度每秒可达几亿次、数十亿次乃至上百亿次。而目前发达国家正在研制的新一代计算机——光子计算机、量子计算机，其运算速度又将提高数百倍。这一高速化的发展，能使计算机跨进诸如高速实时处理图像、提高计算机智能化程度等很多新的领域，发挥其更大的作用。

4.交互性

交互性，是指交互关系和作用。多媒体计算机的交互性主要表现为人与计算机的相互交流。如计算机通过友好的、多模式的人—机界面，能够读懂人们以手写字体输入的信息；能够识别具有不同语音、语调的人们用自然语言输入的信息；能够对人们所输入的信息进行分析、判断和处理，并给出必要的反馈信息——提示、建议、评价或答案。另外，多媒体计算机的交互性还表现为人与人通过计算机的相互交流和计算机与计算机的信息交互。这样，就使计算机具有了人性味道，真正成了人类亲密的朋友——方便又易于使用的现代工具。

5.非线性

这里的“非线性”，是多媒体计算机的一种时空技术特性。时间本来是一维的，从过去、现在到将来，顺序发展，不可逆转。但多媒体计算机中的信息，人们却可以打破时间顺序，前、中、后灵活选择、自由支配，更重要的是，所有这些都能够即时完成。空间本来是三维的、统一的，但是人们在多媒体计算机中搜寻、观看和使用信息时，却可以打破空间统一的格局，从整体、从局部、从不同角度选择信息，可放大、可缩小、可以观看一个点，也可以观看它展开的全过程，所有这些也都是即时完成的。

6.高智能

多媒体计算机具有人的某些智慧和能力，特别是思维能力，会综合，会分析，会判断，会决策，能听懂人们所说的话，能识别人们所写的字，能从事复杂的数学运算，能记忆海量的数字化信息，能虚拟现实中的人和事物。当今发达国家正在联合研制和开发一种具有人类大脑部分功能的神经网络个人计算机和用蛋白质及其他大分子组成的生物计算机，这些计算机具有非凡的运算能力、记忆能力、识别能力和学习能力，有些能力如运算能力和记忆能力，是天才的人脑也无法企及的。

二、计算机网络技术

现代信息科学技术发展的核心是紧密联结在一起的多媒体计算机技术和计算机网络技术。相互独立的、单一的多媒体计算机，其作用再大也只是鸟之一翼，车之一轮，只有与其他计算机相互联结，形成计算机网络，才能使鸟具双翼，腾空万里，车具双轮，飞奔疾驰。所以，现在人们普遍认同计算机界的一个说法：计算机就是网络。

（一）计算机网络的分类

计算机网络可以从许多角度进行分类。为了体现不同网络技术特点和网络的服务功能，人们常按照网络作用的范围来分类。

1.局域网（Local Area Network）

简称LAN，是处于同一幢建筑、同一个单位（企业、公司、院校等）或方圆几公里、十几公里远的某地域内，用来连接个人计算机和工作站，实现资源共享、信息处理、传输和交换的专用网络。局域网地理覆盖范围较小，传输时间有限，便于管理；传输技术简单，通常只用一条电缆连接所有机器，传输速率可达每秒数百兆位。目前，局域网与其他网络相比，已成为技术发展最快，应用最广泛、最受欢迎的一种计算机网络。

2.城域网（Metropolitan Area Network）

简称MAN，是介于局域网和广域网之间的一种大范围的大型网络。可以把它当作一种大型的LAN看待，通常使用与LAN相似的技术。城域网MAN可以覆盖几十公里范围内的一组厂矿、企业、部队、院校、机关等单位或一个城市，满足它们计算机联网的需求，实现大量用户、多种信息（数据、语言、图形、图像等）的综合传输。通信数据传输速率在1Mbps以上。同其他类型的网络相比，它极大地简化了设计。

3.广域网（Wide Area Network）

简称WAN，也称远程网，是一种跨越大的地域的网络。它所跨越的地理范围从几十公里到几千公里，可以覆盖一个或几个国家与地区，甚至横跨几个洲，可以把多个LAN或MNA连接起来，数据传输速率一般为几百到几万bps。

（二）计算机网络的基本功能

1.数据传输功能

所有需要传输的信息经过数字化处理变为数据信息后，不管距离多远，只要有计算机网络，都可以进行数据传输，实现计算机与计算机之间的信息流通。这是计算机网络的基本功能，其他功能都是以此功能为基础的。

2.对分散信息的实时集中、控制与管理功能

在计算机网络中，无论是政府、各行政机关的办公自动化管理系统，还是大、中、小学的教学信息化管理系统；无论是工、交、商、贸的商务运营管理系统，还是银行、财政的金融、财务管理系统等，都担负着对分散信息的集中、控制与管理功能。

3.资源共享功能

计算机资源包括计算机硬件、软件和数据等方面的资源。资源共享的意思是说，凡是上网的用户，不管你地处何方，也不管计算机资源的物理位置在哪里，都可以通过网络，像使用本地资源一样，共用同享。

4.均衡负荷与分布式处理功能

当网络中某个计算机系统的工作负荷超重时，可以将工作任务分发到网络中其他计算机系统去处理；特别是在进行综合性大型计算和信息处理时，为了提高速度和效率，可

以采用适当算法，将任务分散到不同的计算机系统进行分布式处理，同时，也可以通过网络，集中各地区的软件人员与计算机，共同协作来完成。

5.综合信息服务功能

在当今的信息化社会里，工、农、商、学、兵、科学、教育、文化等各行各业，每时每刻都在产生大量的信息，都需要处理、交流和应用大量信息。计算机网络就是文字、数字、图形、图像、语言等信息传输、收集、处理的基础信息设施。现在，计算机网络中的每一个网站的首页上，都设有许多供客户访问的综合信息窗口，如商业、财经、餐饮、政府、健康、历史、娱乐、科学、军事、教育、文化、艺术、体育、旅游等。通过这些窗口，客户即可搜寻到自己所需要的信息。

6.人际交互功能

计算机网络的人际交互功能，已经超过了19世纪发明的电话的手段。它不仅可以使用电子邮件（electronicmail）或者说Email，实现人际间的文本通信，而且还可以将声音、图像一起传送，使远隔千里的交际双方如在眼前，既可以相互听见声音，也能够相互看见面目。人们还可以运用这种功能进行小组讨论或召开会议，以研究、分析和解决某个问题。在讨论或会议进行中，还能吸引越来越多的人参加进来。

7.交互式娱乐功能

娱乐，是人们的一种天性，是生活的需要。计算机网络的视频点播（video on demand）正在迅速发展，人们很快就能从计算机网络中任意点播自己喜欢欣赏的电影和电视节目，而且这些电影和电视节目，都将是可交互式的。另一种交互式娱乐方式是游戏。现在，网络上已经有了多人的实时模拟游戏，如在虚拟的地牢中玩捉迷藏，或者飞行模拟；未来网络将用虚拟现实技术给人们提供具有实时三维动作及移动图像游戏，那时，游戏将成为网络中交互式娱乐的一匹黑马。

（三）计算机网络的技术特点

20世纪90年代以来，国内外互联网的广泛应用，促进了计算机网络技术的大发展，呈现出数字融合、速度加快、带宽增高、智能增强等技术特点。

1.数字融合

现在的计算机网络技术，把通信技术、计算机技术和媒体传播技术融为一体，网上的文字、图形、图像、动画、音频、视频等所有信息和数据都实现了数字化，人们称这种现象为数字融合。计算机网络化要求数字融合。因为只有数字融合的信息才能计算机化，才能通过计算机网络进行数字化的转换、存取、处理、传输和控制。如今，数字融合深刻影响着社会生活的各个层面，改变着人们传统的生活、工作和学习方式，推动着社会主义物质文明和精神文明的发展。

2.速度加快

加快计算机网络传输速度，实现在较短的时间内以最快的速度获得最多的有用信息，已成为人们的一种时尚追求。为适应这种需要，30多年来，随着计算机网络技术的发展，世界各国互联网的传输速度不断加快。我国作为后起的网络大国，近20年来，互联网的传输速度也有了长足的发展，由最早的每秒10Mb到后来的100Mb再发展到当前的每秒1000Mb。现在，世界各国都在研究和实验高速传输和高速路由器等先进网络传输技术，下一代互联网的网络传输速度将比现在提高1000到10000倍。

3.带宽提高

20世纪90年代以后，计算机网络大量传输文本、图形、图像、动画、音频、视频等多媒体信息，这些信息经数字化后，需要占用很大的空间，因此，提高带宽，实现网络宽带化，成为当务之急。近几年来，世界各国竞相研究和实验高带宽的新技术、新方案，网络带宽普遍提高。目前，我国的高带宽技术也已经跃入世界先进水平，从骨干网到城域网再到接入网都实现了宽带化，从而打通了网络的瓶颈环节 ，形成了端到端的宽带应用环境，有效地扩大了网络传输信息容量，提高了网络传输速度。

4.智能增强

计算机和网络是紧密联系在一起的，计算机和网络专家在赋予计算机某些人的智慧的同时，也把某些智慧赋予了计算机网络，使它们成为人的某些器官的延伸和扩展，成为人工智能不断增强的有机整体。现在的计算机网络系统，由于把用户判断、处理起来最困难的某些技术与功能做了人工智能处理，所以，尽管它系统庞大，技术复杂，功能繁多，日理万机，但用户操作起来却比较简单、方便。随着人工智能技术的不断发展，计算机网络系统的智能化程度还会越来越高。除上述特点外，为了适应网络通信业务多样化的社会需求和进一步实现个人网络通信的需要，当前，计算机网络通信的综合化和个人化趋势也很明显。

三、现代信息教学技术

进入20世纪90年代之后，迅猛发展的、以多媒体计算机技术和计算机网络技术为核心的信息科学技术，由于其强大的收集、传播、储存、处理信息和智能化交互功能，与教学活动最基本的功能在本质上是一致的、相通的，因此，一进入应用领域，便首当其冲地把教学作为最主要的用武之地，将自身融合于教学活动之中，成为教育史上迄今为止最先进的教学技术——现代信息教学技术。

从20世纪90年代初期到今天，我国现代信息教学技术在教学中的应用大致可分为以下三个阶段。

（一）探索尝试阶段

20世纪90年代初期，广大教师仍然承受着传统教学思想的束缚，只习惯于运用粉笔、黑板、挂图等教学手段和口耳相传的教学方法进行教学，不熟悉甚至不会使用计算机，不懂得也不会制作多媒体课件，更不懂得网络化多媒体教学是怎么回事。但是，专门从事电化教学工作的教学技术专家，专门研究计算机辅助教学的计算机专家和少数教学思想活跃的学科教师，却在大胆地进行着多媒体教学的某些尝试性研究和探索，并取得了一些可喜的成果。在这些先行者们的带领下，少数院校创建了校园网、教学资源库和多媒体教室，举办了网络应用、多媒体课件制作等方面的教师培训班，在某些学科的教学中创造性地进行了现代信息教学技术的应用实验，开创了我国网络教学的先河，走在了我国现代信息教学技术应用的前沿。

（二）普及阶段

20世纪90年代中期，一些先期进行现代信息教学技术应用实验的院校，已经在网络教学方面取得了可喜的成绩。如1996年，清华大学校长王大中就率先提出了发展现代远程教育即网络教育的思路和方案；石家庄陆军指挥学院已先期开展了网络化多媒体教学实践活动；1997年，湖南大学与湖南电信合作，第一个建起了网上大学。当时的国家教委为了总结和推广典型经验，促进现代信息教学技术的应用和网络教学的开展，在石家庄陆军指挥学院召开了网络化多媒体教学现场会，把他们的先进经验推向了全国。有了典型引路，全国有条件的院校便借鉴先进经验，争先恐后地进行“建网”“建库”“建人”的“三建”工作，大批购置多媒体计算机，加速校园网和多媒体教室的建设。教师逐步配发了多媒体计算机，热情高涨地学习多媒体课件制作技术，上网查阅资料，在计算机上备课，运用多媒体课件上课。短短的几年间，现代信息教学技术就在各高等院校和有条件的中小学得到大幅度的推广和普及，一个网络化教学热潮很快在全国兴起。

（三）提高阶段

从20世纪90年代末期开始，我国政府加大了对网络建设和网络教学的领导力度，采取了一系列重大举措，积极推进教育的信息化进程，使全国现代信息教育技术的应用日益广泛和深入，网络建设和网络教学进入了快速发展和大幅度提高阶段。例如，1997年10月，中国公用计算机互联网（CHINANET）实现了与中国科技网（CSTNET）、中国教育和科研计算机网（CERNET）、中国金桥信息网（CHINAGBN）这三个互联网的互联互通。1999年12月启动的中国教育和科研计算机网高速主干网建设项目，于2001年12月在清华大学通过国家验收，标志着CERNET的传输速率和接入能力已经达到或接近发达国家水平，我国教育信息化建设全面驶入快车道。在加速互联网建设的基础上，利用校园网进行多媒体教学也日益普遍和深入，特别是利用城域网、广域网进行远程教学的院校越来越多。从1998年到今天，国家教育部分批正式批准的国家现代远程教育试点院校已有67所，登录网络教育学院学习的学生逾百万。与此同时，《军队现代远程教育发展规划》也开始启动，解放军理工大学和后勤指挥学院成为我军首批“远程网络大学”试点院校。大学的网络教学生气勃勃，中、小学也搞得热火朝天，从2015年起，中、小学互联网“校校通”工程进入正式实施阶段，如今，已有200多所中学开设了“网校”，中、小学的网络教学正由东南沿海发达地区和大、中城市向西北偏远贫困地区和小城市延伸和扩展。现代信息教学技术的迅猛发展和在教学领域的广泛应用所创造的最大、最直接的成果是网络教学方式。网络教学方式的诞生和发展，使传统教学方式发生了巨大变革，对网络教学设计提出了一系列新的要求。

第三节　网络教学呼唤现代网络教学设计

教学技术的进步必然带来教学的变革；教学的变革又必然对教学设计提出相应的新的要求。教育发展史上发生的四次革命以及教学设计的更新换代，无不是由教学技术的发展及应用而引起的。但是，本次由现代信息教学技术的应用及其所诞生的网络教学方式，给整个教学带来的变革之巨，对教学设计提出的要求之高，是历次教育革命都没有过的。

一、要变革教学观念

（一）在教学目标认识上的变革

在对教学目标的认识上，要求变“知识目标观”为“能力目标观”，变“知识型人才观”为“创造型人才观”。网络教学不仅具有海量知识，而且分门别类，丰富多彩，既相互联系，又各具特色。因此，在学科教学目标上，必须注重知识的“多样性”“异质性”的发展，同时，必须从以学习知识为主的“知识目标观”向以学习方法为主的“能力目标观”转变。着重于培养学生对知识的鉴赏力、判断力与批判力，使学生不仅学会学习，而且学会做事、做人、生存和发展。在人才培养目标上，必须从注重知识记忆、积累的“知识型人才观”向注重知识创新和发展的“创造型人才观”转变。

（二）在教学内容认识上的变革

在对教学内容的认识上，要求变单纯教“知识”为教“知识”更教“方法”，变教“死知识”为教“活知识”。计算机互联网是一个全球性的信息资源库，知识信息数量之大、品种之多、形态之生动、生命之鲜活，使任何教师、课本等知识载体都相形见绌。因此，网络教学，必然要求教师将单纯地教知识，改变为教知识更教怎样利用计算机和网络去搜索、处理、传输、交流和储存知识的方法，将教课本上的“死知识”，改变为教学生怎样到网上和实践中去获得社会发展更需要的、更鲜活的、更生动的知识。

（三）在教学模式认识上的变革

在对教学模式的认识上，要求变“以教为主”为“以学为主”。“以教为主”是源自西方标准化工业生产的非人性化的教学模式。它把“教”（教什么、怎样教、教成什么样）视作产品生产的铸造模型，强调的是教的统一意志和标准化。而网络教学则要求“以学为主”的人性化教学模式与之匹配。它认为学习者是教学的主体，必须为学习者提供符合自己个性特点和学习风格的信息化学习环境和条件，支持并激励学习者进行自主性和创造性学习。显然，它强调的是学习者学习的个性、自主性和创造性。

（四）在教学材料认识上的变革

在对教学材料的认识上，要求变以“课本为中心”为多渠道、多样化的学习资源。传统教学把课本视为全部学习材料，教学就是讲解课本内容，学习就是死记硬背课本。网络教学利用计算机互联网为学习者提供包括课本在内的来自多渠道、多样化、不断更新的学习资源。学习者可以依据教学目标的要求和个人的需要上网学习，学习成果可以记在自己的脑子里，也可以储存在电脑里。

（五）在媒体运用认识上的变革

在对媒体运用的认识上，要求变单纯作为辅助教师教学的手段为能够帮助学生学习的认知工具。在传统教学中，教学媒体被当作“教”的手段，而不是“学”的工具。网络教学则不然，作为教学媒体的多媒体计算机、计算机网络和多媒体课件等，教师可以用来教学，学生也可以用来学习。

（六）在教学方法认识上的变革

在对教学方法的认识上，要求变“维持性学习”为“创造性学习”。传统教学认为，学校应该教授那些符合客观事物特性的、被科学实验证实了的显性知识，而那些尚未被科学实验证实的、不能用明确语言来加以表述的缄默知识，都不是真正的知识，登不上教学的殿堂。因此，传统教学只能采取一种“维持性学习”的方法。事实上，现实中存在的缄默知识比显性知识要多得多，它们对学习者理解、批判、检验和获得显性知识，起着一种基础的、辅助的甚至导向的重要作用，是学习者进行创造性思维和知识创新的先决条件。所以，必须采用“创造性学习”方法，在学习显性知识的同时加强对缄默知识的学习。在这方面，网络教学又为学习者提供了极大方便——很多缄默知识都能够通过多媒体信息符号显现化，供学习者创造性地进行学习。

（七）在教师角色认识上的变革

在对教师角色的认识上，要求变单纯的知识“灌输者”“传授者”为学生学习的“设计者”“指导者”“合作者”。在网络教学中，多媒体计算机、计算机网络和多媒体课件等教学媒体信息，是“教”与“学”之间必经的桥梁或中介。也就是说，教师的教学指导思想、教学内容、教学方法、教学程序等，都要通过网络教学设计来体现，通过教学媒体信息的作用、教师对学生的指导和与学生的合作才能完成。因此，教师不能再充当传统教学中那种单纯的知识“灌输者”“传授者”，而必须成为学生学习的“设计者”“指导者”“合作者”。

（八）在学生角色认识上的变革

在对学生角色的认识上，要求变单纯的“被灌输者”“接受者”为教学的“参与者”“自主学习者”。在网络教学中，由于多媒体计算机、计算机网络和多媒体课件等教学媒体信息，不仅是教师教学的工具，而且是学生学习的认知工具，所以，学生也就不再是传统教学中的那种单纯的“被灌输者”“接受者”，而应该成为教学的积极“参与者”和创造性的知识意义建构的“自主学习者”。

（九）在学习空间认识上的变革

在对学习空间的认识上，要求变封闭的以“学校为中心”“课堂为中心”的观念为学校、社会、家庭、固定课堂、移动站点、直面教学、远距离传播等丰富多彩的开放性学习空间的观念。多媒体计算机及其相互联结成的计算机网络，可以通向天南海北，把地球缩小为一个数字化的村落。因此，真正意义上的网络教学，其学习空间绝不是封闭的，而是开放的，传统教学中以“学校为中心”“课堂为中心”的封闭式学习空间观，必然会被开放式学习空间观所取代。

（十）在学习时间认识上的变革

在对学习时间的认识上，要求变“学历终结”的观念为“终身学习”的观念。知识经济社会，知识增殖快、积聚快、更新快。一个人刚刚取得某种学历，他所学的专业知识和相关知识很可能又发展了、更新了，需要他继续学习或重新学习。所以，我们必须改变“学历终结”的传统观念，树立“终身学习”的新观念。在这方面，网络教学也给我们提供了极大的方便。遍布各地的网络学校，丰富多彩的多媒体教材，各种各样的补习班、进修班和职业培训班，随时随地都可以满足人们继续学习的需要。

二、要变革教学信息运动形态

非网络教学中，教学信息由课本、黑板、挂图、幻灯、投影、录音、电视等教学媒体承载和呈现，通过书面语言、口头语言、影视语言来传输。网络教学采用了以多媒体计算机和计算机网络技术为核心的现代信息教学技术，使教学信息的显示、处理、储存、传输和获得等发生了革命性的变革：

（1）教学信息的显示多媒体化。

（2）教学信息的处理数字化。

（3）教学信息的储存光盘化。

（4）教学信息的传输网络化。

（5）教学信息的获得过程智能化。

三、要变革教学模式

传统教学方式要求建立以“教为中心”的总体教学模式，尽管也出现了一些诸如“启发式”“发现式”“研讨式”等科学的教学方法，但仍然被笼罩在“教为中心”的阴影之中。网络教学是一种新型的教学方式，教师是教学的设计者、指导者，多媒体计算机网络是第一线的教学执行者，学生是教学的主体，在教师的指导下进行自主性学习。因此，网络教学的总体教学模式应该是“教为主导”“学为主体”的“双主”模式。在这一总体模式下，还会有多种与之相适应的子教学模式，例如：多种媒体演示辅助课堂教学模式——通过多种媒体的演示来辅助教师课堂讲授的一类教学模式；多媒体个别化自主学习教学模式——学习者在安装有多媒体网络教学设备的教室、图书馆、阅览室或学生公寓进行自主学习的一类教学模式；多媒体计算机虚拟情境教学模式——学习者在计算机创设的虚拟教室、实验室或具体教学情境中身临其境地进行学习、训练的一类教学模式；计算机网络化远程教育教学模式——学习者基于计算机网络，通过各种网络资源获取工具和各种实施网上对话、协商、讨论、交流的通信工具，或直接通过网络课程进行各种远程学习的一类教学模式。

四、要变革教学环境

网络教学要求建设适宜于网络化多媒体教学的信息化教学环境，使现代信息教学技术真正地为网络教学服务。传统教学最典型的教学技术环境是课堂。它是与封闭的班级授课制度、以教为中心的教学模式、标准化工业生产式的教学目标、口耳相传和粉笔加黑板式的媒体传播技术与方法等直接相关的。网络教学，采用班级、个人、小组等多种多样的授课形式，运用“双主”教学模式，贯彻以培养创造精神为核心的多样化的教学目标，应用多媒体计算机和计算机网络技术为核心的现代信息教学技术，等等，这就必然要求建立与此相适应的网络化多媒体教学系统，如四通八达的校园网、多媒体信息资源库、电子化图书馆、阅览室、实验室和各种网络化的多媒体教室等，进而建立基于这个系统的信息化教学环境，如网络化多媒体课堂教学环境、个别化交互式学习环境、小组协作式学习环境和虚拟教学情境构成的教学环境等。

五、要变革教材形式

传统教学使用的主要是书本形态的文字教材。网络教学条件下，需要在书本形态的文字教材基础上建设具有多媒化、结构化、智能化、动态化、形象化等特点的新型课程教材体系。

多媒化，是指新型课程教材体系除了用纸质印刷课本即文字教材外，还要用幻灯教材、投影教材、录音教材、电影教材、电视教材，特别是单机版、网络版的多媒体教材等多种媒体教材来呈现。

结构化，主要是说新型课程教材体系不仅由多种媒体教材组成，而且要按照教学需要分为主教材、辅助教材、参考教材等，以构成一个有机的教材体系。另外，也包括具有非线性功能的多媒体教材内容模块的结构化。

智能化，主要是指新型教材必须具有专家智能支持系统，对教与学的检测、评估、反馈等智能组织管理系统，以及支持合作学习、研究性学习的智能化交互系统等。

动态化，主要是说新型课程教材中不仅有动画、音频和视频等动态媒体信息，就是那些文字和图像等静态媒体信息，在展示和表达过程中也是处于运动中的。

形象化，主要是说新型课程教材与以往的教材相比，由于它的多媒化、结构化和动态化以及新的技术手段和艺术手段的运用，使它的形式由平面变为立体，线性变为非线性，静态变为动态，因而更直观、更形象，更具有审美价值。

六、要变革教学过程

网络教学，由于教学指导思想、教学目标、教师与学生的角色、教学媒体、教学形式、教学方法等，与传统教学相比，都发生了革命性的变化，因此，教学过程也会发生相应的变革。仅以课堂教学为例，其教学过程除了采用教师带领学生“激发学习动机—复习旧课—讲授新课—运用巩固—检查评价”的“五段教学法”外，将更多地采用教师指导学生“进入情景—自主学习—协商讨论—自建构意义”的新模式。

七、要变革教师任教的基本条件

网络教学要求教师必须树立先进的教学思想和教学目标。先进的教学思想，主要是指素质教育、创新教育、双主体教育、情商为主教育、四大支柱教育和终身教育的思想。先进的教学目标，主要是指以培养学习能力为主的学科教学目标和注重知识创新和发展的人才培养目标。

网络教学还要求教师具有敏锐的现代信息意识、很强的信息智能和高尚的信息道德。特别是在信息智能方面，不仅要求教师具有运用信息学理论和现代信息技术知识，凭借信息技术手段，对信息资源进行有效的收集获取、分析选择、加工处理、传输呈现、应用交流、管理评价等方面的智力和技能，而且还要求能够凭借这种智力和技能，在“教”的方面实现信息化。

八、要变革学生学习能力的标准

传统教学中，学生只要耳聪目明、智力正常，具有学会、记住和应用某专业课程基本知识的能力就可以了。网络教学，则要求他们还必须掌握先进的学习思想、理论和方法，具有运用现代信息媒体技术进行自主学习的能力，亦即信息能力。按照国际流行的说法，学生应具有的信息能力有六个方面：一是确定信息任务和需求的能力，二是决定信息策略的能力，三是检索获取信息的能力，四是选择利用信息的能力，五是创建与整合信息的能力，六是鉴定与评价信息的能力。通过培养和提高这六种能力，使信息技术成为学习的认知工具和情感的激励工具。具有这六大信息能力，才能在“学”的方面实现信息化。

九、要变革“教”与“学”的理论

网络教学的开展，信息教学技术的运用，必然带来教学观念、思想的变革，进而带来教学实践的变革，而教学实践的变革必然产生新的“教”与“学”的理论，如信息化“教”与“学”的理论、信息教学技术理论等；原有“教”与“学”的理论，如建构主义学习理论、人本主义学习理论、学术传播理论、系统科学理论、思维科学理论、教育美学理论等，也将逐步得到完善、更新和发展。新产生的“教”与“学”的理论和更新与发展了的“教”与“学”的理论，将形成信息化“教”与“学”的理论体系，支撑并促进网络教学的健康发展。

十、要变革教学体制

如同生产力的发展必然要求生产关系发生变革一样，以多媒体计算机技术和计算机网络技术为核心的信息科学技术，在教学中的运用及其带来的一系列变革，必然要求教学体制也发生相应的变革。传统教学体制中，课堂教学偏重于学习理论，科学研究偏重于纯学术性，研究成果与生产严重脱节 ，毕业生踏入社会后，空有新思想而缺乏解决实际问题的能力，必须重新学习以适应社会现实。这种教学体制的弊端早已引起社会的广泛注意。到了信息时代，这种弊端更加凸显，乃至非解决不可。这是因为，信息科学技术的广泛应用和迅猛发展，使多媒体计算机的运算速度、处理能力不断提升，计算机网络的覆盖面积、综合能力、传输速度不断扩大和提高，从而引发了社会上传统产业的改造，经济结构的重组，网络教学、电子商务、网上虚拟社团、社区等数字化产业和事业的兴起，推动了工业、农业、军事、科技、教育、商业、文化等社会领域信息化的发展。所有这些，都是信息科学技术带来的崭新的信息化社会实践，为院校毕业生创造了实践新思想、研发新产品和多种社会就业的新商机。正因为如此，所以，院校教学必须建立有利于培养具有这种崭新的信息化社会实践能力的创造型人才的体制。这种教学体制，有可能使院校成为新思想的创造基地、新信息能力的培养基地、新实践的实习基地、新产品的研发基地、新商业机会的创造基地。网络教学提出的这些要求，是其自身实现信息化、现代化的理想和目标，是对网络教学设计的寄托和呼唤。网络教学设计因实现这些要求或使命而使自己具有了新型的、现代教学设计的性质和特点。

第四节 网络教学设计的性质和特点

一、网络教学设计的性质

网络教学设计也是一种教学设计或设计，三者的基本性质是相通的。其区别在于，网络教学设计是教学设计发展的崭新阶段，是现代信息教学技术的核心内容，是网络教学活动的重要组成部分。

（一）*网络教学设计是教学设计发展的崭新阶段*

教学设计是一个动态的、发展的概念。从历史发展进程上看，随着原始教育、传统教育和现代教育方式的发展，相应地出现过原始的、传统的和现代的教学设计思想、方法和模式；从实践与理论的科学性上看，曾有过体现教师个人教学经验和教学艺术的经验型教学设计和以科学理论为指导、以先进技术为手段的科学型教学设计；从对教学设计影响最大的学习心理学发展轨迹看，与行为主义、认知主义、建构主义等学习心理学的发展相适应，出现过被称为第一代、第二代和第三代的教学设计；从对教学设计的发展具有决定意义的教育技术发展上看，教学设计不能不受“口耳相传”“粉笔黑板”“幻灯投影”“影视广播”等教育技术的深刻影响，从而呈现出不同特点的一个又一个发展阶段。

当前，联入国际互联网的我国教育与科研互联网基本上已覆盖了我国高等院校和有条件的中、小学，以多媒体计算机技术和计算机网络技术为核心的现代信息教学技术广泛应用于课堂教学、个别化教学和远程教学。现代信息教学技术的这种迅猛发展、广泛普及和网络教学的深入开展，对教学设计产生了三方面的影响：一是教师的劳动分配在教学设计上的比例大大增加，教学设计的地位比以往显得更加重要；二是教学设计的观念、模式、方法和手段发生了相应的、革命性的变革；三是这种变革正朝着有利于创建学习情景，促使学习者在教师指导下主动学习，以及实现学习者自我反馈、自我控制的方向发展。这个阶段的教学设计，就是网络教学所呼唤的“网络教学设计”。网络教学设计，从历史发展进程上看，属于现代教学设计；从实践与理论的科学性上看，属于科学型教学设计；从学习心理学角度看，又是建立在以建构主义、人本主义等学习心理学为理论基础的第三代教学设计。但是，由于多媒体计算机技术和计算机网络技术具有十分先进的性质和强大的功能，对教学已经产生了巨大的影响和作用，加之建构主义、人本主义等学习心理学所具有的科学的现代学习理念，所以，网络教学设计的现代性和科学性与以往的现代教学设计和科学型教学设计相比，在许多方面都发生了根本性的变化，从而跃上了一个更高的层次，成为教学设计发展的崭新阶段。

（二）网络教学设计是现代信息教学技术的核心内容

网络教学设计是现代信息教学技术的一部分。从20世纪60年代到90年代，教育技术的开发和应用，由常规媒体教育技术和模拟音像教育技术，逐步向现代信息教学技术发展。现代信息教学技术主要包括数字音像技术、卫星广播电视技术、多媒体计算机技术、交互网络通信技术和虚拟现实技术等。网络教学设计，就是以多媒体计算机技术和计算机交互网络通信技术为核心的现代信息教学技术的一部分。网络教学设计是现代信息教学技术中最基本、最关键的部分。1994年，美国教育传播与技术协会（AECT）发表了教育技术专家西尔斯和里奇对教育技术下的定义："教学技术是为了促进学习，对有关的过程和资源进行设计、开发、利用、管理和评价的理论与实践。"华南师范大学李克东教授对教育技术的定义也作过一个概括："教育技术是运用现代教育理论和现代信息技术，通过对教学过程和教学资源的设计、开发、利用、评价和管理，以实现教学过程和教学资源优化的理论与实践。"这两个定义都把"设计"——今天看来即网络教学设计，认同为教育技术中最基本、最关键的范畴，因此，将其置于设计、开发、利用、管理与评价这五大范畴之首，围绕着理论与实践，对其他四个范畴和整个教学技术发挥着重要作用。美国教育技术专家巴巴拉·西尔斯和丽塔·里齐在其合著的《教学技术：领域里的定义和范畴》一书中指出："教学技术对整个教育科学领域的最大理论贡献来自于它的教学设计范畴。"

网络教学设计包括网络教学系统设计、网络信息设计、教学策略选择和学习者特征分析等方面。网络教学系统设计是一个分析、设计、开发、实施和评价网络教学各步骤的有组织的过程；网络信息设计是对各种网络化多媒体信息形态进行有利于学习者注意、知觉和保持的设计；教学策略选择是对一课中的教学事件与活动的最佳选择和安排；学习者特征分析是对影响学习过程有效性的学习者经验背景各个方面的分析。网络教学设计所包含的这些方面，都是现代信息教学技术中具有导向性的先期性工作，没有这些工作或做不好这些工作，就谈不上或无法做好开发、利用、管理和评价等教育技术工作。正是在这个意义上，美国匹斯堡大学学习资源与开发中心主任格拉泽积多年教育技术工作经验，准确地指出："教学设计是教育技术的核心。"

（三）网络教学设计是网络教学活动的重要组成部分

教学设计在一般教学中就是重要的、不可或缺的教学活动的组成部分，网络教学中的网络教学设计更是这样。这是由网络教学的特定方式决定的。网络教学，特别是远距离网络教学最明显的特点是教师与学生相分离，"教"与"学"，必须通过计算机网络和多媒体计算机等教学媒体作中介，而这个中介媒体同人以外的其他教学媒体一样，都是死的，没有生命的，其桥梁作用和教学功能的发挥，全靠人的精心设计，而且，由于这些现代信息教学媒体比一般教学媒体更复杂、更先进，所以，对网络教学设计能力和水平的要求也就更高。同时，随着现代信息教学技术的迅猛发展，教学媒体会越来越先进，媒体替代教师劳动的成分会越来越大，而越是这样，人们花费在网络教学设计上的时间和精力也必然会越来越多，从而使网络教学设计在网络教学活动中的地位和作用比在一般教学中更加重要。在网络教学中，计算机网络技术和多媒体计算机技术所具有的高速度、高集成、非线性、交互性等自动化和智能化教学功能，对优化教学过程、提高教学质量无疑是重要的，但是，一定要看到，站在这些功能背后的是人，是人所进行的网络教学设计。因此，在网络教学中，必须坚持“人机结合，以人为主”的原则。这是因为，首先，计算机网络和多媒体计算机的自动化和智能化功能是人设计的，是靠人来控制和管理的，人是它的设计者、控制者和管理者。其次，计算机网络和多媒体计算机只具有自然性、物理性和客观性，而不具有社会实践性和主观能动性。因此，很多教学功能，如体现符合时代要求的先进教学思想和教学目标，确定适应学生学习心理特征的教学策略，选择能够激发学生学习动机、调动其学习情绪的教学方法，等等，在社会实践、教学对象等基本条件和相关条件发生变化时，再靠原来为计算机网络和多媒体计算机设计的某些自动化和智能化功能就不行了，必须与时俱进，改造或更新设计。

时代在发展，社会在进步，计算机网络技术和多媒体计算机技术日新月异，网络教学的各个要素也经常发生变化，每次教学都会面临新的问题，因此，网络教学设计必须适应这种发展和变化，随机应变，常变常新。

可见，网络教学设计是解决网络教学问题、优化网络教学过程和资源、促进学生学习的根本途径，是网络教学须臾不可分离的组成部分，是伴随网络教学发展变化的一条客观规律。

二、网络教学设计的特点

网络教学设计，是教学设计在教育信息化进程中呈现出来的最新形态，是适应现代信息教学技术的要求、优化网络教学资源和教学过程的教学设计，它除了具有一般教学设计的基本特征外，自身还具有以下这些鲜明的特征。

（一）设计思想的现代性

思想是实践的产物。网络教学是以多媒体计算机技术和计算机网络技术为核心的现代信息教学技术应用于教学而产生的新型教学方式，体现了教育信息化、现代化的发展进程，反映了当前和未来知识经济社会对人才培养方法和目标的要求。这种网络教学实践一再表明，许多传统教学观念或思想不仅不适应而且阻碍着网络教学的深入发展，因此，当前教学改革的使命首先是打破传统教学观念，树立现代教学思想。完成这一使命的关键是从网络教学设计开始，即突出网络教学设计思想的现代性。

网络教学设计思想的现代性如第三节所说的，表现在许多方面，但从当前看来主要有：与“知识目标观”和“知识型人才观”相对立的“能力目标观”和“创造型人才观”；与“以教为主”“单纯教知识”“教死知识”相对立的“以学为主”“教活知识”“更教方法”的教学观；与“以课本为中心”相对立的“多渠道、多元化、最鲜活”的学习资源观；与“多媒体课件一统天下”“教学媒体只是教的手段”相对立的“多种媒体优化组合”“教学媒体既是教的手段也是学的认知工具”的教学媒体观；与“维持性学习”“学历终结”相对立的“创造性学习”“终身学习”的学习观；与单纯的知识“灌输者”“传授者”相对立的学生学习的“设计者”“指导者”“合作者”的教师角色观；与单纯的“被灌输者”“接受者”相对立的教学“参与者”“自主学习者”的学生角色观；与封闭的以“学校为中心”“课堂为中心”相对立的“学校、社会、家庭、固定课堂、移动站点、直面教学、远距离传播”等丰富多彩的开放性学习空间观。

（二）设计理论的先进性

教学设计是建立在一定的理论基础之上的。这些理论主要有：系统科学理论、教学理论、传播理论、学习理论和美学理论等。其中，学习理论时代性最强，发展最快，变化最大，对教学设计发展变化的影响也最重大，以至于成为教学设计大类划分的重要标准。例如，以“教”为中心的教学设计主要是在行为主义学习理论和认知主义学习理论指导下进行的；而以“学”为中心的教学设计则主要是以建构主义学习理论和人本主义学习理论为指导的。网络教学设计属于以“学”为中心的教学设计。它的理论基础即建构主义和人本主义学习理论，特别是建构主义学习理论，是当今学习理论发展的最新成果，最富时代特征和先进性。建构主义学习理论认为，“学习是建构内在心理表征的过程，学习并不是把知识从外界搬到记忆中，而是以已有的经验为基础，通过与外界相互作用来建构新的理解”。在这一理论的指导下，网络教学设计把学习者置于中心地位，使教学设计始终围绕学习者进行。如以学习者的认知结构为依据设计教学内容的知识结构；加强学习者认知活动过程——认知结构建构过程的设计；赋予教师的“教”以新的内含——帮助、指导和促进学习者进行意义建构；重视学习者对事物意义建构的多元化特点，注意在个别化学习和远距离学习的教学设计中，设计各种合作性学习方法，以便使学习者能更多地接触不同观点，相互交流，取长补短，共同提高；强调真实学习情境和解决现实问题的设计，使学习者处于“与真实物理环境相似、复杂程度相近的有援学习环境”之中。

人本主义学习理论的“以人为本”“注重情感”“重视心理”“自主自信”“协作民主”等先进的、科学的观点，对网络教学设计也起着重要的指导作用。在先进的建构主义和人本主义学习理论指导下，网络教学设计也跨入了“以人为中心的设计”“面向用户的设计”等现代设计先进行列。

（三）设计人员的群体性

设计人员的群体性有两个意思：一是说网络教学设计比以往的教学设计需要的设计人员多；一是说众多的设计人员是一个紧密联系、分工协作的群体。从教学媒体发展的角度看，以往的教学设计大致可以分为两个阶段：第一个阶段，教学以“教”为中心，粉笔、黑板、口耳相传为基本的教学手段，教学设计人员就是教师本人。第二个阶段，教学仍以“教”为中心，幻灯、投影、广播、电视为基本教学手段，教学设计人员除了教师之外，还有教学幻灯片、投影片、录音带、录像带的制作人员和技术人员。现在，教学设计已经进入一个新的阶段，按以往的顺序可称为第三个阶段，即网络教学设计阶段，教学以“学”为中心，多媒体计算机和计算机网络为基本教学手段，教学设计人员有学科教师、录音和录像人员、多媒体课件制作人员、计算机专家、网络专家和信息化教学系统开发与管理人员等。很显然，这个阶段比起以往两个阶段来，教学设计人员的数量已经大幅度增加。不仅如此，这些设计人员之间的关系也比以往紧密，他们同处于一个网络教学设计系统之中，分工协作，共同为网络教学服务，哪一个环节出问题，都会影响到整个网络教学的正常进行。随着现代信息教育技术的不断发展，网络教学将进一步“数字化”“网络化”和“智能化”，教学人员将“名师化”，设计工作将“专业化”。在此过程中，这种网络教学设计人员的群体性特点，会越来越明显。这是网络教学设计发展的必然趋势。

（四）设计内容的丰富性

由于网络教学是教育史上迄今为止非人化要素最多、教育技术最先进的教学方式，因此，与以往的教学设计相比，网络教学设计无论是在教学环境、教学媒体的设计上，还是在教学过程、教学策略等方面的设计上，不仅难度高，需要的设计人员多，投入的精力大，而且需要设计的项目、程序、内容都会更多、更宽泛、更丰富。

网络教学，按照学习方式和组织形式可以分为三种类型：第一种类型是个别化学习。按照自主的程度，它又可以分为完全自主的个别化学习和有指导的个别化学习两小类。第二种类型是群体式学习。按照群体的空间形式它又可以分为同一地点、空间的班级群体学习和非同一地点、空间的网上群体学习两小类。第三种类型是小组协作式学习。这种类型是几个或十几个学习者的协作式学习。按照学习者接触程度它又可以分为集中于同一空间的、接触性的协作学习和分散在不同空间的、非接触性的网上协作学习。

上述三大类、六小类网络教学，对教学环境，特别是信息技术环境，以及教学媒体、教学过程、教学策略等方面的要求都不尽相同，有的甚至相差甚远，再加上不同学习科目所带来的教学目标、网络课程内容、教与学的方法等方面的差异，必然使网络教学设计内容比非网络教学丰富得多。

另外，目前，一些名牌企业受一些重点高校网络教育学院的委托，开始为广大求学者提供学历教育和非学历教育服务；提供助学、导学、学业顾问、实验实习、就业推介等全方位学习支持服务；为校外远程教育提供招生、教学实施、教学管理、考试组织等方面的辅助服务和资源传输服务。这是网络教学发展趋势的一个重要方面。这种发展趋势，将使网络教学的形式更加多样，网络教学设计的内容更加丰富。

（五）设计方法的艺术性

从古至今，设计都被视为一种特殊的艺术，设计的创造过程就是遵循实用化求美法则的艺术创造过程。网络教学既是一种高水平的科学技术，又是一种高水平的艺术。而且，从网络教学的发展形势看，这种“高科技”同“高艺术”的综合趋势越来越明显。正如法国作家福楼拜预言的那样：“越往前进，艺术（美学）越科学化，同时科学也越来越艺术化。”

网络教学的“高科技性”和“高艺术性”的融合，在教与学之间形成了两条相互交织的对流线：知识对流线和情感对流线。知识对流线传输科学信息，并占据学习者注意的中心；情感对流线负载积极的情感信息，虽然处于学习者注意点的外围，但是它可以强化和深化学习者对主线的关注，而且它所传达的美的知觉信息可能成为学习者长期记忆的基础。这两条线相互交织、相互制约、相互加强、高度协调，有节奏地、合乎规律地启动着学习者有意注意和无意注意的心理机制，使他们在两条线的汇流之中，既动之以情，又晓之以理，萌发强烈的创造欲望。网络教学要求网络教学设计把“高科技性”和“高艺术性”像一枚硬币的两面一样高度地融合在一起，选择美的教学媒体，设计美的教学形式，显现美的教学内容，使网络教学成为“艺术化的科学”，让学习者从中直接地感受到知识的奥秘和真理的光辉，并获得美的享受。网络教学不仅要求网络教学设计加强艺术性，同时也为其艺术性的展现提供了先进的物质技术基础和广阔的天地。例如，网络节点的非线性链接技术应用于网络化多媒体教材知识结构的艺术化设计，就为学习者展开联想和想象、在各知识点之间自由翱翔提供了理想的空间；图、文、声、像直观形象的呈现方式，使各种设计艺术表现手法“大显身手”；高科技支持下的人机交互方式以及虚拟、模拟技术为揭示深藏于现象背后的事物本质以及现象与本质之间的关系，提供了艺术化设计的技术平台。

（六）设计手段的高科技性

以多媒体计算机技术和计算机网络技术为核心的现代信息教学技术，是当今时代的高新科学技术。它不仅是支撑网络教学的技术平台，而且是进行网络教学设计的高科技手段。网络教学是依托计算机网络——校园网、城域网和广域网所开展的本地和远程的教学与管理活动。具有开放性、非线性、交互性、共享性、协作性、自主性和智能性等特点。它要求能够快速地搜集、存储、处理和传输海量的教学数据信息，供学习者自由地查阅和浏览；它要求把文本、图形、图像、动画、活动视频和声音高度地、自由地集成在一起，并能自由灵活地进行查询、点播和呈现；它的远程教学要求教师与学生之间、学生与学生之间能够自由地相互讨论和交流；它要求构建接近于真实的、有利于解决实际问题、便于开展教学活动的教学情境等。所有这些要求，单凭人脑进行设计是难以实现的。人脑设计的不足，正好由现代信息教学技术，特别是多媒体计算机技术和计算机网络通信技术给予弥补。这种高科技手段，具有大比例压缩和解压缩、非线性查阅和浏览、快速的“模-数”转换、视频点播、视频会议、E-mail交互、模拟和虚拟现实等功能，成为人脑设计的有效辅助手段。人脑、电脑和网络的有机结合，使网络教学设计如虎添翼，大大提高了设计的效率和效果。

（七）设计工作的艰巨性

网络教学设计是一种新型的教学设计，它的设计范围广、项目多、程序复杂、科技程度高，任务困难而艰巨。特别是设计内容，如对远距离学习者认知结构、学习态度、学习风格的分析和把握，对那些解决问题成分较多的智力技能学科内容的分析与学习，对学习策略的分析与选择，远距离教学评价方法与策略的设计，等等，都有一定程度的不可控性，尽管有高科技手段辅助设计，其艰巨性仍然很大。另外，网络教学设计还是一个新事物，还没有大家公认的固定模式和成熟的理论与经验，这就更增加了设计工作的艰巨性。面对这种艰巨性，我们要认清方向，努力奋进，大胆实践，求美求新。求美求新，是一种求发展的意识，是一种创造的意识。我们要在网络教学设计理论研究和实践中，探求设计的新技术、新手段，探求设计的新理论、新方法，探求设计的新模式、新标准，把网络教学设计不断推向新的水平、新的阶段。

第七章　网络教学环境

20世纪中期，科学技术的迅猛发展和国际竞争的加剧，带来了教育科学研究的空前繁荣，不同教育学科之间出现了相互融合、分化、碰撞和消长的发展形势，这种形势进而导致了一批新学科或新研究领域的出现。以学校环境为专门研究对象的独立的教学环境研究领域就是在这种背景下逐步确立起来的。这一研究领域以学校教学环境为专门研究对象，以教学论、传播理论、系统科学理论、教育社会学、教育评价学、社会心理学、教育技术学、学校建筑学、美学及生理学等多种学科的研究成果为理论基础，着重探讨教学环境对教学过程的干预和影响，研究各种环境因素对学生身心发展的综合作用及其作用机制，以及学校教学环境的评价、设计、调控和优化问题。在现代条件下，随着社会生产力和科学技术的飞速发展，学校物质条件不断改善，社会信息量成倍增加，教学环境正变得日益复杂，它对学校教学活动和学生身心发展的影响作用也更加显著。特别是多媒体教学手段的应用，引起了教育体制、观念、内容和方式等多方面的深刻变革。因此，研究和探讨网络教学环境设计的理论与实践问题，具有十分重要的意义。

第一节　网络教学环境的概念

一、网络教学环境的基本含义

（一）教学环境

教学环境作为一种客观存在，与学校教育有着同样久远的历史，但它们重要性却一直未引起人们足够的重视。直到20世纪30年代，随着科学技术的发展及其在教育领域的应用，使教育科学空前繁荣，教学环境得到较大改善，教学环境对教学活动的影响才逐步引起人们的重视，开始把它作为一个专门的研究对象加以研究。在具体研究中，由于研究目的、研究角度和研究范围不同，人们对“教学环境”的理解也不同。因此，关于“教学环境”的定义，在国内外学术界至今仍未能形成较为一致的意见。有的单纯从物质环境因素出发，认为“教学环境是由学校建筑、课堂、图书馆、实验室、操场以及家庭中的学习区域所组成的学习场所”；有的单纯从心理环境因素出发，认为“教学环境就是一种能够激发学生创造性思维的温暖而安全的班级气氛”；也有的从更为广义的角度出发，把教学环境等同于教育环境，认为“教学环境就是那些能够促进学生身心发展的条件、力量和各种外部刺激因素”。我国的田慧生博士从教学论的角度对“教学环境”进行了界定，他认为：“教学环境是一种特殊的环境。概括地说，教学环境就是学校教学活动所必需的主客观条件和力量的综合。教学环境有广义和狭义之分。从广义上说，社会制度、科学技术、家庭条件、亲朋邻里等，都属于教学环境，因为这些因素在一定程度上制约着教学活动的成效。从狭义的角度，即从学校教学工作的角度来看，教学环境主要指学校教学活动的场所、各种教学设施、校风班风和师生人际关系等。”

从以上各种陈述中不难看出，由于研究者们所持的学科立场和研究角度不同，因而对教学环境的认识也不尽相同。所有这些认识都在不同程度上触及和揭示了教学环境的基本含义，但同时又有一定的局限性。

我们认为，环境是相对某项中心事物而言的，是中心事物在其特定活动展开的过程中赖以持续的条件。由此推及教学环境，则是教学活动展开的过程中赖以持续的空间与条件。由于教学活动包括教和学两个方面，因此可以把教学环境理解为教师在教的过程中进行教学活动的空间与条件和学生在学习过程中进行学习活动的空间与条件的综合。教学环境是一个动态的概念，教学环境与教和学的活动进程是同存共生的。随着教学活动的展开，教学环境中的情况和条件也不断变化，所以，教学环境和动态的教学进程是紧紧联系在一起的，把二者割裂开来就会导致静态的教学环境观。只有把教学环境放到动态的教学进程中去考察，才能把握住教学环境的本质，才能进行更为有效的教学设计。教学环境是一个发展的概念。随着多媒体技术、网络通信技术在教育领域的广泛应用，学校已突破围墙的限制，网络教学实现了“五个任何”，即“任何人、在任何地点、任何时间、从任何章节开始、学习任何课程”。虚拟现实技术的应用，出现了虚拟校园、虚拟教室、虚拟实验室、虚拟图书馆等。网络、软件、信息已成为构成教学环境的要素。随着信息技术的发展，教学环境必将还会发生新的变化。教学环境是一个系统的概念。现代远程教育的实施，从地理空间讲，不仅局限于校园、城域，而是延伸到全球；从教学信息的传输模式讲，既可基于计算机网络，也可基于卫星、有线电视网或视频会议系统。甚至可以说，一个学生的学习活动都可能与全球信息系统发生联系。

综上所述，我们认为教学环境就是支持教和学活动开展的空间与条件。根据这个定义，教学环境的要素就不仅仅是支撑教与学活动的物质环境，还应该包括信息环境和学习氛围、人际关系等社会心理环境。

（二）网络教学与网络教学环境

在网络化时代，教学环境正变得日益复杂，它对教与学活动的开展和学生身心发展的影响作用也更加显著。特别是网络化多媒体教学手段的应用，引起了教育体制、观念、内容和方式等多方面的深刻变革。由于网络教学环境对教学活动和学生身心发展的影响、作用、规律还处在认识阶段，理论研究相对滞后，在网络教学环境建设中，普遍重视硬件环境建设，忽视或不够重视软件环境建设，更缺乏网络教学环境的设计及应用理论的指导。从这个意义上说，从教育技术学的角度出发对网络教学环境的理论与应用问题进行研究，具有十分重要的意义。

1.网络教学

网络教学通常是指依托计算机网络开展的教学与管理的一切活动。它包括本地（校园网）网络教学和远程（广域网）网络教学两种教学应用方式，具有开放性、交互性、共享性、协作性、自主性等特点。

2.网络教学环境

网络教学环境是指网络教学活动赖以开展和持续的空间与条件。网络教学环境也有广义和狭义之分。从广义上说，社会制度、教育管理制度、教育思想观念、科学技术、公共通信网络、家庭条件、网吧、网校等，都属于网络教学环境，因为这些因素在一定程度上制约着网络教学活动的成效。从狭义的角度，即从网络教学工作的角度来看，网络教学环境主要是指网络教学的设施、设备（如Internet、Intranet、CERNET、卫星电视教育网、多媒体计算机、多媒体网络教室等）、信息资源、支撑平台（实现网上教与学活动的软件系统）、通信（实现学习者之间的协商讨论和教师对学习者的指导）、工具、教学氛围和师生人际关系等。

二、网络教学环境的应用模式

网络教学环境应用模式中的各个有机组成部分的主要职能是，计算机网络是网络教学环境的基础设施；网络基本服务包括电子邮件、文件传输、域名服务、身份认证、目录服务等；基于网络的数据仓库包括管理信息库、课程资源库、数字化图书资源等；应用支撑系统包括办公自动化系统、各类管理信息系统、网络教学系统、数字图书馆管理系统及虚拟教学环境等；信息服务系统可为师生提供各种服务，如信息交流、信息查询、决策支持、电子商务、学校社区服务等。

信息活动区表示网络环境的功能领域，包括组织管理、教学活动、学术研究、公共服务（指为学校教学科研提供的支撑服务，如网络服务、图书馆服务、博物馆服务等）和学校社区服务等。人们在网上开展的各种活动，都要受到网络文化和网络心理的制约和影响。

三、网络教学环境分类

由于网络教学环境所涵盖的因素是复杂与多样的，要对网络教学环境做出严格的分类是极为不易的。从不同的角度出发，有不同的分类。比如：祝智庭教授从教育哲学的角度考察网络时代计算机教学应用的发展全貌，提出一个能兼容诸多网络化学习应用模式的分类框架（Zhu，1996），将网络化学习分为四类：OI（客观主义、个体主义），CI（建构主义、个体主义），OC（客观主义、集体主义），CC（建构主义、集体主义）。在网上教学环境系统中，教学信息资源系统应成为各类应用的支持部件。实际上就形成了OI、CI、OC、CC四种类型的网上教学环境。

我们知道，构成网络教学环境的最基本要素是计算机网络。几台计算机通过交换机或集线器相连，就能够进行通信和信息交流，构成一个简单的网络环境。因此，我们从网络教学环境设计的角度，根据计算机网络的规模和教学应用情况，可将网络教学环境分为以下几类。

（一）课堂网络教学环境

课堂网络教学环境是指基于网络的各种类型的多媒体教室、专修室等教学环境。在课堂网络教学环境中，主要是开展计算机网络支持的课堂教学活动，学生和教师之间的交流不只是面对面的交流，更多的是学生与教师通过网络的相互交流，可进行集体、个别化、小组等多种形式的网络教学活动。教师可随时控制学生的学习活动，教学资源虽不够丰富，但是能有效地组织起来供学生课堂学习，能有效地实现多媒体网络教学的优势，适合开展网络同步教学。

（二）校园网络教学环境

校园网络教学环境是指基于校园网的各种网络教学场所、设施、设备、网上教学信息资源、应用系统、软件工具、服务信息等硬件和软件环境的综合。在校园网络教学环境中，既可以开展课堂网络教学，也可以开展网上自主学习、合作学习等多种形式的教与学活动，教学资源较为丰富并可以实现共享，有利于提高教学效益和教学质量。

（三）因特网学习环境

因特网上的信息资源非常丰富，可为全球的学习者建立一个有效的学习环境，在作为资源学习的教学环境时可发挥重要作用。不过，因特网的信息资源是一个比较分散和混乱的体系，尽管人们想尽方法（例如采用标准化的资源描述格式，建立搜索引擎等），还是无法真正将各种信息很好地组织起来。而教学是一种有组织、有规划的社会活动，教学中的目标非常明确，教学的内容分类也非常标准。所以目前的因特网和WWW还不适合作为标准的教学信息系统支撑平台和环境。

（四）远程网络教学环境

远程网络教学环境是指以多媒体技术和网络通信技术为核心所构建的、用于实施现代远程教育的教学环境。在远程网络教学环境中，学习者可以处在地球上网络能够延伸到的任何一个角落进行学习，他所看到的教学信息资源与因特网上的信息资源不同，是经过精心设计、规划、制作的，内容分类非常标准，学习目标非常明确。

第二节　网络教学环境的系统结构及要素分析

网络教学环境是一个由多种不同要素构成的复杂系统，与网络教学活动相关的一切事物——物质的、社会的、本地的、远程的、有形的和无形的，几乎都可以说是构成网络教学环境的基本因素。这些不同的因素相互联系、相互作用，构成了网络教学环境特有的系统结构。

一、网络教学环境的系统结构

如前所述，从网络教学环境设计的角度看，整体的网络教学环境系统主要由四类环境构成，即硬件环境、软件环境、虚拟教学环境与网络人文环境。而这四类环境又作为相对独立的系统存在，并具有各自不同的要素结构。

二、网络教学环境系统要素分析

（一）硬件环境

网络教学硬件环境是网络教学环境的一个重要组成部分，是网络教学活动赖以进行的物质基础。它具体包括传输网络环境、时空环境和设备环境三种子环境。

1.传输网络环境

无论是本地网络教学，还是远程网络教学，首先必须有传输网络的支持。网络教学使用的网络必须是宽带的多媒体网络。所谓的宽带多媒体网络，不仅意味着带宽要宽，而且要能够支持多媒体的应用。这是因为：为了保证教学的质量和效果，学生在学习时不仅希望能看到普通的文字、图形信息，还希望能看到精心设计的动画，听到教师声音的同时还能看到教师的形象，也就是说网络教学传送的信息类型不仅要有文字、图形，还要有动画、声音和图像。传送图像、声音和动画需要很宽的带宽，因此网络教学的传输网络系统也必须有很宽的带宽。目前应用于网络教学的网络主要有计算机互联网（Internet、Intranet）、卫星宽带网（CEBsat）和有线电视网。对于本地网络教学，基本上是采用校园网；对于远程网络教学，则采用三网互补的传输平台。

（1）计算机互联网环境。网络教学主要是依托计算机互联网来实施，全国有几千万互联网用户。国务院批准的9家互联网与各院校的校园网相连接，构成了我国网络教学的整体互联网网络环境。这9家互联网分别是ChinaNet（中国电信）、CNCNet（网通）、ChinaGBN（吉通）、CerNet（教育科研网）、Unicom（联通）、CSTNet（科研网）、

MobilNet（中国移动）、GwNet（总参通信网）和CIETNet（外经贸网）。其中CerNet用户400多万，连接了全国293个城市的1000所大学，高速宽带网已建成，拥有万余台服务器。

（2）卫星宽带网环境。虽然目前地面互联网在世界范围内得到了迅速的发展，但由于受地理环境的影响，很多自然条件恶劣的地区、经济落后的边远地区还没有完善的地面通信系统，当地的居民还不可能利用地面通信的手段来接受教育。卫星通信特别是VSAT（Very Small Aperture Termina，即甚小口径终端）具有覆盖面广、灵活性强、可靠性高、成本低、使用方便的独特优势，在开展远程教育方面有非常大的应用空间。卫星在远程教育应用中主要有两种应用方式，一是利用卫星的宽带广播功能开展以图像和声音为主的单向教学活动；二是利用卫星电路实现数据的交互，实现LAN上的互联，完成数据传递、文件交换或远程处理。采用卫星电视和IP广播相结合的方式开展远程教学，把大量的优秀教学软件，通过传输平台及时送往全国各地，使经济落后地区的学生可以与经济发达地区的学生一样享有相同的教育资源，有利于实现教学环境建设跨越式发展。

中国教育卫星宽带网CEBsat（China Education Broadband Satellite Net）已于2000年10月31日开通，“天网”与“地网”合一的格局有力地推进了我国网络教学环境的建设。CEBsat具备传输快捷、路径简单、无需通信费用、宽带传输不会出现堵塞等多种优势，边远地区的学校很容易构建起与大城市学校相似的网络环境。传送的信息可以下载到校园网内，供学生学习随时使用。

（3）有线电视网环境。有线电视系统，也就是人们通常所说的CATV（Community Antenna TV）系统，它综合运用了广播电视、通信、计算机等多个领域的技术成果，扩大了系统的服务功能，逐渐发展成为综合性的传输网络系统。由于有线电视网有以下几方面的显著特点，利用它开展远程教育具有重要意义。

一是网络带宽很宽。经过几十年的发展，有线电视经历了最初的共用天线系统，闭路电视系统和今天的全新光纤和同轴电缆混合（EFFC）网络系统三个阶段，网络带宽得到了迅速提升，成为目前接入速率最高的网络。有线电视系统能够直接把750MHz甚至1GHz的带宽送入用户家中，这个带宽足以传送几十路模拟电视信号，只要留出一个模拟电视的通道来传送数据信息，就足以满足包括远程教育在内的多种业务。

二是视频传输能力强。随着数字压缩技术和高效数字调制技术在有线电视网上的应用，有线电视网络的频道容量和多功能服务的能力得到了大大地扩展。在一个普通模拟电视频道中可以传输3套以上的经过数字压缩的标准电视节目，所以有线电视网络具备了开展三四百套数字电视节目和开展诸如视频点播（VOD）类高级视频业务的能力。

三是服务范围广。由于有线电视网络在EEC传输体制的基础上支持数字通信和计算机通信等多种先进的传输体制，使得有线电视网络可以在开展有线广播和有线电视节目的基础上，提供诸如视频点播、音乐点播、远程教育、远程医疗、家庭办公、电子商务、网上证券交易、高速互联网接入、会议电视、物业管理等多种类型的宽带多媒体业务的前景。

四是用户群庞大。到2016年年底，经广电总局批准的有线电视台有1300家；有线电视网络长度超过200万公里，其中光缆干线26万公里；近2000个县建设了有线电视网络，其中400多个县已实现了光缆到乡镇或到乡村；有线电视用户数9000万户，并以每年500万户的速度在增长；有线电视用户数已居世界第一位；有线电视成为我国家庭入户率最高的信息工具。

当然，现有的有线电视系统还不能直接进行网络教学，必须对其进行改造，使之由一个单向的广播网络变为一个双向的交互式宽带网络。清华大学与厦门有线电视传输中心合作，利用有线电视网开展远程教育的试验，已取得显著的成果。

（4）视频会议系统。视频会议又称视像会议、视讯会议、会议电视，是利用电视和通信网络召开会议的一种通信方式。视频会议系统具有传送图像、声音和数据的功能，因此，除了可用来召开会议之外，还可以直接用于网络教学，为网络教学服务。利用视频会议系统开展网络教学可以达到异地授课和远程实时交互、讨论、答疑的目的。视频会议系统具有实时性好、交互性强的特点，是目前开展网络教学的有效手段之一。采用视频会议系统，可以进行一点对多点的双向视频传输，从而达到课堂教学的效果。教学系统由一个演播室及远端的一个或多个多媒体教室组成。教师在演播室授课，学生同时在一个或多个多媒体教室听课，师生间可以进行实时的交谈和问答，使得异地的教师和学生之间好像身处一室。还可以通过视频会议终端实时听课、辅导、答疑等。在这种方式下，学生和教师通过多媒体计算机、麦克风、数字视频摄像机及相应的软件建立起了一个虚拟教室。教室里的每个人都可以看到其他人的相貌和动作，与他们交谈，实现在不同地理位置上的人共同上课。

2.时空环境

时空因素是制约网络教学活动的又一个重要环境因素。不同的网络教学时空组织形式，对网络教学内容、手段、方法、网络课程开发、师生身心健康和教学活动的效果会产生不同的影响。网络教学时空环境与传统教学时空环境相比较，具有“时间分离、空间分离”的特点。

“时间分离”指的是教学过程的非实时性与非线性。“非实时性”是指学生既可以观看在线直播，也可在任何其他时间上网浏览学习或下载已经做好的教学节目。“非线性”是指学生可以不断重复学习，或根据需要自由选择有关教学内容，进行跳跃式学习。因此产生了同步教学和异步教学两种模式。

“空间分离”是指教师和学校、学生和学校、学生和学生可以不在同一地域空间，不在同一省市，甚至不在同一国度。具体地说，网络教学空间环境具有以下特点。

（1）从地理空间来说，网络学校已突破围墙的限制，实现了“五个任何”。网络教学空间环境包括本地校园空间和异地学习空间。本地校园空间主要是指网络多媒体教室、网络阅览室、学习室和具备上网条件的学生公寓等空间环境；异地学习空间主要是指家庭学习室、网吧和网络教学点等空间环境。

（2）从网络空间来说，局域网（校园网）的传输带宽较宽，传输速率较高，便于各种网络教学活动的开展；而依托三大网络（互联网、卫星网和有线电视网）来实施网络教学，由于受带宽、传输速率、延时等条件限制，有些网络教学活动将受到不同程度的影响，因此，在进行整体教学设计时，必须考虑网络空间因素。

（3）从空间存在形式来说，有现实空间和虚拟空间。现实空间就是现实存在的空间，大家已司空见惯。虚拟空间是利用虚拟现实技术建造的空间环境，这种环境不仅仅是技术环境，更是一种艺术环境。如果你有计算机多媒体创作的经验就可以体会到，在很多应用场合，艺术的成分往往超过技术。所以，虚拟空间环境有其艺术上的魅力。目前已经有很多这方面的例子，如交互的虚拟音乐会、宇宙作战的游戏、动画等；在网络教学应用方面也有虚拟教室、虚拟实验室、虚拟校园和虚拟战场环境等。由于虚拟现实技术与艺术的结合，所以虚拟空间环境比现实空间环境更具魅力。

（4）从空间存在形态来说，有静态空间环境和动态空间环境。传统的教学空间环境一般是静态的。而网络教学空间环境则可能是动态的，既有物理空间上的移动，如利用移动通信技术开展的军事训练或军事演练；也有网络空间上的变化，如使用有线电视网学习课程时，可以通过互联网查阅国际上的最新发展动态；还可以利用视频会议系统与同学进行讨论交流或师生间的提问答疑。这种传输网络间的切换对教学活动是有影响的，进行整体教学设计时，必须考虑这一因素。由于网络教学时空环境“时间分离、空间分离”的特性产生了“师生分离”和“教导分离”的教学模式，促使网络教学方式从传统的教师主导型转向了学生主导型，客观上推动了学生主体参与知识建构活动，使教学过程更趋科学、合理。教育理论家苏霍姆林斯基认为，有效的学习有赖于学生主体的能动参与，教师和学校的作用是为学生创造一个知识“再发现”的学习环境，以激发学生进行自我教育。网络教学提供了师生分离的宽松环境，交互式的课程设计，多媒体图、文、声并茂的多重感官综合刺激，这些都为学生创造了特有的知识发现和建构环境，有着其他媒体或其他传统教学环境无法比拟的优越性。

3.设备环境

网络教学设备环境是网络教学环境的另一个重要因素，它直接或间接地影响着网络教学活动的开展。网络教学设备种类繁多，有计算机、服务器、硬盘阵列、大屏幕投影机、扫描仪、摄像机、光盘刻录机等，按教学用途可分为三类。

（1）终端设备。网络本身只是负责将信息传送到远端，通过远端相应的设备才能将这些信息显示出来，这些设备就是终端设备。终端设备将系统中要传送的信息转换为适合于网络传输的格式，同时还要负责与通信网络进行信令交换。因为网络教学系统中传送的信息种类很多，不同种类的信息有不同的显示方法，所以终端设备必须具有处理多种信息类型的能力，即必须是多媒体终端。

（2）信息采集、加工、处理、制作、存储设备。通信网络和相关的终端设备构成了网络教学环境的基本硬件环境，为开展网络教学提供了硬件保障。但网络教学还需要将教学内容用多媒体技术表现出来，因此，进行网络教学信息资源的开发与管理，还必须具有信息采集、加工、处理、制作、存储设备。

（3）辅助设备。网络教学系统的辅助设备很多，其中电子白板、视频展示台和自动跟踪摄像机和“Push To Talk”系统是与网络教学密切相关的几种辅助设备。这些辅助设备的使用会大大提高网络教学的拟真度，是网络教学设备环境中不可缺少的部分。

（二）软件环境

网络教学环境的基础是硬件环境，而其核心是软件环境。它包括信息资源库、网络教学平台、通信和工具四部分。这些内容及其他们之间的体系结构关系构成了网络教学的整体软件环境，即信息资源环境。

1.信息资源库

网络教学的信息资源库主要包括媒体素材库、题库、案例库和网络课程库等数字化的各类信息资源库。

2.网络教学平台

一个完整的网络教学平台应由网络教学支持系统、网络课程开发系统、网络教务管理系统和网络教学资源管理系统四个子系统组成，它是建立在通用的Internet和Intranet基础之上的，专门为基于双向多媒体通信网络的网络教学而提供全面服务的软件系统。

（1）网络教学支持系统。网络教学包括一些基本的教学环节，如教学内容的发布、作业、答疑、考试、讨论（同步/异步）、做笔记等，而现有Internet工具并不能很好地支持这些活动，需要进行复杂的交互性程序设计，这对大部分教师来说，是难以完成的。网络教学支持系统则可以解决这些问题，使教师无须花费大量的精力去开发程序，就可以很方便地获得很好的交互性支持，从而有效地实施各教学环节 的教学活动。对于学生而言，要求他们在上网学习以前就必须熟悉或掌握所有软件技术，也是不切实际的。而网络教学支持系统则可以通过它展现的学习界面，使学生无须掌握复杂的软件技术就能够轻松地上网学习。网络教学支持系统由一系列支持多种教学模式的教学工具构成，一般包括学习系统（非实时、实时）、多媒体授课系统（非实时、实时）、辅导答疑系统、作业评阅系统、教师备课系统和信息资源编辑制作系统、交流讨论工具、虚拟实验系统、网络题库系统、考试系统、评价系统及搜索引擎等。这些教学工具都是基于远程教育资源库的，用以完成远程教学中的各项教学活动和实现远程协作。

（2）网络课程开发系统。网络课程开发系统主要完成网络课程内容的表示，支持基本教学逻辑的设计，提供设施和工具，方便网络课程开发的任务。系统所开发的课程能够在标准浏览器下阅读，并能够在多种操作系统平台（如Windows XP、Windows 7、Windows 10、IOS、Linux等主流系统平台）上运行。

（3）网络教学资源管理系统。网络教学资源包括网络课件、网络课程、专题网站、案例库、题库、多媒体资源库等多种类型。对网络教学资源进行高效有序的管理，是网络教学顺利进行的前提。网络教学资源管理系统是网络教学平台中的重要模块，一般由教育信息资源数据库、资源管理系统、资源媒体介质管理系统、资源浏览和检索四个子模块构成。教育信息资源数据库包括多媒体教学信息库、外部教学资源数据库、教学视频数据库、多媒体教学光盘等主要的教育信息库。资源管理系统负责对资源进行分类、编目、入库、编辑和组织整理，并进行资源的采集和制作，以及资源使用权限的设置。资源媒体介质管理系统负责管理外部资源。资源浏览和检索保证师生能够使用Web方式浏览和检索 资源。

（4）网络教务管理系统。网络教务管理系统是网络教学平台的一个重要组成部分，它不但要管理基于Web的网络教学的各个环节 ，如从学生入学到毕业的各种教学活动，还要管理网络教学所涉及的各种对象和资源，如管理员、教师、专业、课程、课件等，同时，它还提供相应的手段，评估教学质量。

3.通信

作为师生之间进行信息交换的工具和途径，通信在网络教学中扮演着重要的角色。先进通信方式的运用，能够很好地改善教学环境，加快信息传递，提高教学效率。常见的网络教学通信途径包括同步异步讨论区、课程电子邮箱、协同工作等。

（1）同步异步讨论区。最常用的通信方式有公告栏、聊天室，可以提供公告、聊天历史的记录功能，支持学生之间、师生之间同步或异步的信息交换和讨论。异步多线讨论或基于E-mail的讨论非常适合于专题研讨或课堂作业的处理。随着远程视频和音频会议技术的发展与成熟，实时的视、音频交互也成为网络教学通信的重要组成部分。另外一个很有用的讨论工具就是电子白板，它常与同步聊天系统、视频会议系统结合使用，能够可视地表示公式及问题求解的推演过程。

（2）课程电子邮箱。为师生按课程建立单独的邮箱账户，将不同课程的信件和私人信件区分开来，避免了对邮箱中不同课程、不同类别的邮件进行区分和管理的烦琐过程。学生交作业可以以电子邮件的形式递交到专门的课程邮箱，教师批改后再发还给学生，这样做将会大大减少教师的工作量，提高信息交换的效率。

（3）协同工作。协同工作是计算机会议系统的功能，它使处于不同地方的人可以用同一种软件、对同一个文件共同进行编辑修改，每个用户都可以看到文件被实时编辑的过程。网上协同使不同地方的学生可以像传统教学班级中的同学一样，合作完成某个作业或项目。这是网络教学通信的发展趋势。

4.工具

工具是指具有专门用途的软件和技术，包括开发工具、交流工具和学习工具等。

开发工具是指教师和学生在进行教与学的过程中所使用的课程开发和学习辅助的软件和技术。如网络教学系统提供的网络课程开发平台、C++和JAVA等编程语言、数据库技术以及平面、网页、动画制作软件等。

交流工具用于教师和学生之间、学生和学生之间信息交换，主要是上文所提到的通信手段。

学习工具是辅助和支持学生在网上进行学习和探索的软件与技术。主要包括：搜索工具，支持学生搜索本课程和本课程讨论的内容，甚至可以支持在所选的全部课程内进行搜索。书签：学生用书签可以标记自己感兴趣的内容，便于随时调出浏览。学习记录：支持学生在课程内容上加注，允许学生查看自己的作业完成情况，了解自己和班上其他同学的差距等。学习记录还允许教师察看学生学习的情况，以便于及时发现问题，对教学过程进行调整。个人工作区：支持学生自己创建主页，用以张贴小组工作成果或个人的项目介绍，还提供对学生主页的统一管理。

（三）虚拟教学环境

虚拟教学环境是相对于“真实的教学环境”而言的。它是指运用虚拟现实技术创建的具有自然模拟、逼真体验和方便自然的人机交互的教与学环境。这种教与学环境酷似客观环境又超越客观时空，能使学习者沉浸其中又能驾驭其上，是一个由多维信息所构成的、可操纵的、人机和谐的教与学的空间。虚拟教学环境通常由虚拟现实硬件环境、虚拟现实软件工具和虚拟世界三个要素构成。虚拟校园、虚拟教室、虚拟实验室和虚拟图书馆是典型的虚拟教学环境。

（四）网络人文环境

网络人文环境是网络教学环境的重要组成部分，尽管与物质环境相比，人文环境是一个看不见、摸不着的无形环境，但它对于师生的心理活动和社会行为，乃至整个网络教育、教学活动，都有着不可忽视的、巨大的潜在影响力。

1.网络文化环境

网络文化是人类社会发展的产物，是人、信息、文化的三位结合体。其本质主要表现在一系列新的价值取向、新的社会精神的形成，比如社会交往体现为更深层次上的心灵沟通、文化共享、个性化精神与群体意识等。网络文化是指由国际互联网所创造的不同于以往文化形态的一种新文化，它是人们在社会活动中依赖于以信息、网络技术及网络资源为支点的网络活动而创造的物质财富和精神财富的总和，是描述信息时代与信息技术相关联的多种文化形式或文化产品的概念，是由Internet产生并赖于其发展的所有技术、思想、情感和价值观念的集合体。文化的含义是广泛的，既有物质层面，又有精神层面，还有介于物质与精神之间的制度文化。

（1）物质层面的网络文化。物质层面的网络文化指对象化了的人类劳动，是能为人类的信息交流提供坚实物质基础的物质环境，是人类活动与网络活动交融的结果。计算机网络设备、网络资源系统和信息技术（计算机技术、通信技术）构成了物质层面网络文化的主要内容和发展基础。

（2）制度层面的网络文化。制度层面的网络文化是维系个体与一定文化共同体的人类网络关系的法则，它又可以分为作为社会规范的网络文化和作为行为方式的网络文化。作为社会规范的网络文化，形成和调控网络个体之间的网络关系，是一种程序化、制度化的文化。它基于个体的社会责任感和价值认同感，确定网络活动的道德准则和法规制度，从而构成网络活动的基本依据和总体要求，如网络伦理、网络法规等。作为行为方式的网络文化，是个体在网络中约定俗成的活动方式，伴随网络技术和资源的演化而不断更新。它是在信息传递、接收、吸纳和再生的网络活动中，个人的、民族的、地域的特色与普遍规律的结合，形成具有人性魅力的网络行为方式。

（3）精神层面的网络文化。精神层面的网络文化是个体和群体内化的网络意识、情感和素养的集中体现，是网络文化的核心所在，它又可以分为客观精神文化和主观精神文化。前者是后者的外化、客观化，如关于网络的基础知识、网络道德规范等；后者是网络文化共同体中，人们经过长期的网络活动积淀而形成的文化心理结构，如思维方式、价值取向、审美情趣、道德观念等。有的理论将网络文化分为四个层级，即在基于物质层的基础上，分出三个层次：认知层，这是网络文化的最深层结构，主要指基于网络的时空观、价值观、世界观等思想态度及信仰；规范层，包括对各种协议的认可、对使用规则的遵守；表意层，包括语言、朋友关系、行为方式等对已存在价值的表意象征。

2.网络心理环境

这里的网络心理环境，指的是在网络教学中形成并对其产生重要影响的、由人的心理维度构成的心理状态。在网络这个虚拟世界中，人们的行为和隐藏在其背后的心理状态是一个非常重要的、直接作用到网络教学设计的关键因素。

（1）人际环境。网络教学既是信息传输反馈的过程，也是复杂的人际交往过程。与传统教学中教师对学生“时空的侵占”，以及褊狭的单向灌输式的师生交往不同，网络教学环境下，教师与学生借助媒体进行交往，在时间和空间上都是分离的，人际交往中的地位都是平等的。因此，网络教学实现了学生自由、平等地和教师之间的交流以及学生之间的沟通，甚至可以实现广泛的社会交往，有利于促进学生智力的开发和个性的发展。但是，事物总是一分为二的，因网络教学的时空分离而带来的学习者身份的可变性、隐藏性和角色的虚拟化，也导致了很多现实问题。例如，网络虚拟世界中的角色混乱、道德问题、黑客攻击以及网络沉溺带来的人格障碍等。可见，人际环境是网络教学设计必须十分关注的网络心理环境。

（2）情感环境。情感环境是指在网络教学过程中形成的一种情绪情感状态。教学过程是智力因素作用下的知识交流和非智力因素作用下的情感交流的过程。但是，由于网络教学中感官体验的局限性，非智力因素作用下的情感交流存在明显的缺陷。比如，网络教学提供的是课程的“标准化”讲授预制件，授课时，无论是教师还是学生，面对的都是一个概念化的、没有任何及时反应的虚拟角色，而不是一个个活生生的、充满个性的人，不可能感受到教师的人格魅力，因而难以与教师产生情感上的共鸣。情感的缺失导致学生在学习中产生枯燥感、孤独感，难以形成积极进取的竞争氛围以及和谐健康的人际交往关系，学生的竞争愿望、对事物的鉴别能力也会有所下降。即使技术上能够做到视频双向交流，也会因教师注意力有限而不能根本解决问题，因此，在网络教学活动中，建立良好的情感环境对于顺利完成教学任务，达成教学目标具有十分重要的意义。

（3）组织环境。所谓组织，是人们为了共同的目标和需要而形成的社会群体。网络教学系统本身就是一个有组织的社会群体，其内部又存在着各种正式或非正式的次级社会群体，如网络学习中的虚拟学习社区、学习共同体、兴趣小组和学生自己的友伴群体等。不同的群体必然有各自的群体规范、群体作用方式和群体心理氛围。这些因素构成了网络教学的组织环境，在网络教学中发挥着重要作用。网络教学的组织环境与现实生活中的组织环境存在本质上的差别，即组织关系制约的松散性。与传统的组织关系不同，网络教学创造了开放的学习环境，虚拟学习社区、学习共同体、兴趣小组等主要的组织关系，只是作为一种桥梁和纽带将网络中的个体紧密联系在一起，而不是作为组织约束存在。组织关系制约的松散要求网络学习者增强自我管理、自我约束的能力，但是，这种能力的增强和提高单靠网络学习者自身的努力是不行的，必须经过对组织环境进行有意识的精心设计才能实现。

第三节　网络教学环境设计的基本内容

一、什么是网络教学环境设计

什么是网络教学环境设计呢？有人认为，网络教学环境设计是对计算机网络设备、设施、多媒体教室、网络教学辅助设备的一种规划、组织和安排；也有人认为网络教学环境设计是校园网设计和网上信息资源规划、各种网络教学平台的开发及网络课程建设。这些论述在不同程度上触及和揭示了网络教学环境设计的基本含义，但同时又都不够全面、完整和准确。

我们认为，网络教学环境设计是以现代教育思想和教育理论为指导，以现代信息技术为手段，运用系统论的观点和方法，分析网络教学活动中的问题和需求，对网络教学环境各个要素进行整体或局部的规划、组织、协调和安排，从而创设最优化网络教学环境的一种理论和方法。

网络教学环境设计具有以下特征：一是网络教学环境设计对象是基于网络的各种学与教的环境。比如：校园网环境、网络多媒体教室环境、网上信息资源环境等。二是网络教学环境设计的方法是以现代教育思想和教育理论为指导，以现代信息技术为手段，应用系统方法找出网络教学环境中各个要素之间及要素与整体之间的本质联系，加以综合考虑，协调好它们的关系，使各要素有机结合起来以实现教学系统的功能。三是网络教学环境设计的目的是构建最优化的网络教学环境，支持网络教学活动的开展。四是网络教学环境设计具有理论性与实践创造性。网络教学环境设计是在一定理论指导下的一种理性认识活动，因而具有理论性；网络教学实践是不断变化发展的，理论不可能预见所有的问题，因而网络教学环境设计又是一种创造性的实践活动，具有实践创造性。

二、网络教学环境设计模型与主要内容

上一节，我们曾提到网络教学环境主要由硬件环境、软件环境、虚拟环境及人文环境四个方面的要素构成。在进行网络教学环境设计时，首先要了解这种内在的关联。

网络教学环境设计的主要内容有以下八个方面。

（一）网络教学环境的整体规划设计

网络教学环境的基础是硬件环境，核心是软件环境。在网络教学环境设计中，二者同等重要，不可偏废。虚拟环境的设计具有广泛前景。它可以使学习者处于一个具有身临其境的、具有完善交互作用能力的、能帮助和启发构思的信息环境中，学习者不仅仅靠听读文字或数字材料获取信息，更主要的是通过与所处环境的交互作用，利用自身对接触事物的感知和认知能力，以全方位的方式学习和获取各式各样的信息。虚拟现实技术（VR）可作为最佳的认知工具完成学习者的意义建构，能更好地促进学习者认知结构的形成和发展。在虚拟现实的情境中，时间和空间的跨度消失，为超越时空和地域的协作学习和交流会话创造了良好的条件。人文环境设计历来是教学环境设计的重要内容，但网络人文环境设计还没有受到足够的重视，致使人格在虚拟空间中张扬的同时，不受真实世界约束与监控的反（逆）社会人格也泛滥起来，网络沉溺带来了人格发展障碍；交往过程中的平等性得到强化的同时，必要的道德特征却遭到弱化。当前，网络教学的发展内在地要求科学性和人文性相整合。因此，我们必须重视并把网络人文环境设计纳入网络教学环境的整体规划设计中来。

（二）传输网络环境设计

传输网络是网络教学活动赖以进行的物质基础。传输网络环境设计，应具有以下特性。

（1）集成性。在远程教学系统中，传输网络应能够传送多种媒体的信息，如视频图像、文本数据、音乐、语音、图形、动画等，并且要具有对这些媒体进行处理、存取和传送的能力。

（2）宽带性。在远程教学系统中，传输网络应能够传输速率相对较低的数据、静止图像，又能传输速率较高的活动图像和音频信息，要求传输速率高，变化范围大。

（3）交互性。在远程教学系统中，传输网络应能以交互方式进行工作，而不是简单地单向、双向传输或广播。它必须能够实现点与点之间、点与多点之间多媒体信息的自由传输和交换；如果需要，信息的传输和交换还能做到实时进行，多媒体终端用户对通信的全过程有完整的交互控制能力。

（4）同步性。在远程教学系统中，各种信息是通过网络来传输的，传输时存在着时延和时延抖动，不同的媒体又有不同的特点，因此，如何在经过网络传输后保持它们在时间或事件之间的同步关系，是多媒体通信中需要解决的问题。比如，在传送视频信息时，就需要保证图像和伴音的同步，否则就会出现口型与声音不同步的问题，影响视频传输的质量。

传输网络环境设计的主要内容包括总体规划、结构布局、系统划分、技术定位、设施安全、设备配置、网络服务等。

（三）客户端环境设计

客户端环境设计是网络教学环境设计与应用的主要环节 ，设计内容主要包括：网络多媒体计算机的硬、软件配置，各种多媒体信息的采集、加工、处理、制作，显示设备和多媒体教学辅助设备的硬、软件配置，以及各种学与教的工具，等等，以保证网络教学活动的正常开展。

（四）模拟仿真环境设计

基于网络的模拟仿真环境是网络教学环境的重要组成部分，有许多院校和训练机构都设有模拟中心、仿真实验室等。对一些特殊专业、课程的教学训练（如：战役和战术推演、模拟对抗演练、武器装备操纵训练、飞机驾驶、飞行紧急情况处置等）来说，模拟仿真环境是必不可少的。其环境设计的主要内容有：用户界面（包括信息采集与显示的输入输出装置）系统、情境设置系统、过程模拟系统、判断评价系统等。

（五）网络教学平台环境设计

网络教学平台能够将网上各种信息资源按照教学规律很好地组织起来，是开展网络教学活动所必需的网络教学环境。网络教学平台环境设计的主要内容有：网络教学支持系统（包括虚拟现实支持系统）、网络课程开发系统、网络教学资源管理系统和网络教务管理系统。

（六）时空环境设计

如前所述，网络教学时空环境与传统教学时空环境相比较，具有“时间分离、空间分离”的特点。针对这一特点，时空环境设计的主要内容是同步学习系统设计、异步学习系统设计、创建个性化学习空间、网络多媒体教室设计和现代远程教育系统设计等。

（七）信息资源环境设计

开展网络教学不仅需要丰富的信息资源，而且还要保证网上信息能够存得进、取得出、跑得快、用得好，保证用户检索信息方便、快速和高效，这就需要科学合理地对信息资源环境进行设计。信息资源环境设计的主要内容有：信息资源体系规划、布局结构设计、信息资源库设计、安全体系设计等。

（八）虚拟现实环境设计

虚拟现实环境设计包括硬件环境设计、虚拟现实软件设计以及在这硬、软件支持下的虚拟世界设计。虚拟世界设计的重要内容之一是情境设计，虚拟现实技术为情境设计提供了更为有效的工具。情境与情景同义，即情况、环境，是由外界、景物、事物和人物关系等因素构成的某种具体的境地。“情境”来源于认知、教育、艺术三大领域。因此，虚拟现实环境设计中的情景设计主要内容包括三个层面：认知情境设计、教育情境设计和艺术情境设计。

认知情境设计主要解决创设什么样的情境，如何激发学习者主动学习，为学习者的探索学习提供什么样的帮助这三个问题，旨在帮助学习者有效地掌握某项知识及技能。

教育情境设计主要是创设以形象为主体、富有感情色彩的具体场景或氛围，激发和吸引学生主动学习，如虚拟校园环境、虚拟教室、虚拟实验室、虚拟战场环境等。

艺术情境设计主要是创设引人入胜的情境，体现科学美与艺术美的特质，达到形式与内容的统一、情感与理智的统一、直觉与逻辑的统一、个性与共性的统一，形成虚拟现实环境的整体美学风格。

第四节　网络教学环境设计的基本方法

各院校的教学、训练任务不同，学科专业不同，教学对象不同，对网络教学环境的要求也不同。由于设计人员本身的知识结构、素质能力和设计经验不同，网络教学环境设计的方法也会各具特点。就其共性而言，一般包括以下内容。

一、总体设计

总体设计一般包括指导思想、建设目标、系统功能、拓扑结构、信息资源配置、技术设计原则、建设步骤等。搞好总体设计，应重点抓好以下工作。

（一）明确设计指导思想

网络教学环境设计必须以现代教育思想和教育理论为指导，围绕教育功能目标的实现，探究网络教学规律，创设最优化的网络教学环境，发挥环境育人的作用。

1.网络教学环境设计要“以人为本”

“生命环境观”认为：教育系统是一个由社会、学校、教师和学生组成的有机的系统环境，教育的过程是心灵的碰撞与交融的过程，是体现创新意识与能力的过程，是彰显人的生命价值的过程。在当今这个处处“以人为本”的时代，教育也提出了“生命环境观”，重视对人的生命质量的提高。但“人本主义”不是一句空洞的口号，在它的指导下，可以衍生出许多具有深刻内涵的触及网络教育本质的理念，如“个别化”“人性化”“多媒体化”“交互化”等，都是人本主义理念指导下网络教育的重要范畴。

因此，网络教学环境中的人机交互、信息交流要“以人为本”，重视人性化设计。例如，网络教学支持系统的设计，应提供教学内容的动态适应机制，对于不同起点的学生，提供难易程度不同（教学目标一致）的教学内容；提供教学内容动态导航机制，根据学生学习进度和能力水平，动态调整教学内容的导航策略；提供音频交互功能和视频交互功能，使师生交流能使用人们所熟悉的人与人之间或人与环境之间的“自然”方法，等等。

2.网络教学环境设计要以建构主义理论为指导

建构主义认为，知识不仅仅是通过教师传授得到的，更是学习者在一定的情境下，借助其他人（包括教师和学习伙伴）的帮助，利用必要的学习资料，通过意义建构的方式而获得的。情境、协作、会话和意义建构是学习中的四大要素，而网络教学的学习体系中恰好体现了这四点，已成为建构主义学习环境下理想的认知工具。这就要求在网络教学中首先要确立以学为中心的思想，进而创设一个以建构主义理论为指导的、生动而丰富的网络教学环境，使学习者能利用自己原有的经验去领悟学习到的新知识。

3.网络教学环境设计要运用系统方法

网络教学环境是一个复杂的系统，无论是宏观教学环境设计，还是微观教学环境设计，都强调系统方法的运用。系统方法是网络教学环境设计的科学方法。

系统方法，就是运用系统论的思想、观点，研究和处理各种复杂的系统问题的方法，即按照事物本身的系统性把对象放在系统的形式中加以考察的方法。它侧重于系统的整体性分析，从组成系统的各要素之间的关系和相互作用中去发现系统的规律性，从而指明解决复杂系统问题的一般步骤、程序和方法。其中，系统分析技术、解决问题的优化方案选择技术、解决问题的策略优化技术以及评价调控技术等子技术，构成了系统方法的体系和结构。只有运用系统方法，才能设计出最优化的网络教学环境。

（二）科学确定设计目标

进行总体设计时，要依照规划形成系统完整的目标体系。为此，要进行充分的调查研究。调查应当包括院校教育训练对网络教学环境的需求，现有教学环境对提高人才培养质量的影响和存在的问题等内容。同时，必须了解国家、军队对网络教学环境建设的要求和相关政策与标准，借鉴其他院校在网络教学环境建设方面的经验教训。另外，网络教学环境设计应达到什么样的水平、应具有哪些功能等，都要详细论证；对各构成要素的取舍、功能的划分、资源的搭配、关系的协调等，均应统筹考虑，以局部效果服从整体效果，形成各构成要素间优势互补、相得益彰的系统结构，以谋求综合效益最大化。在充分调查研究的基础上，科学确定网络设施、站点设置、资源配置、开发应用和系统管理等方面的具体目标。

（三）抓好系统总体结构和功能设计

在建设目标确定后，要重点抓好系统总体结构和功能设计。要对教学需求做进一步分析，把网络教学环境作为一个完整的系统来考察，用系统工程的方法确定各子系统，如：网络系统、信息资源、应用系统、管理系统等相应的结构和应当具备的设计功能，从而形成完整的网络教学环境设计方案。

二、技术设计

技术设计是根据系统总体设计方案，确定实现系统目标和功能的技术实现方案。技术设计主要包括传输网络环境、客户端环境、数据中心环境、教学应用场所、软件平台、资源配置、应用系统设计和系统集成设计等内容。

（一）技术设计原则

现代信息技术的发展日新月异，新技术、新设备、新软件、新产品层出不穷。考虑到环境设计的影响作用具有滞后和长效的特点，也就是说，设计方案一旦付诸实践，变成现实，它的成功与失误、优点与缺点都将长期存在和发生影响。所以，在进行技术设计时应坚持以下原则。

1.前瞻性

前瞻性原则即网络教学环境设计要充分考虑未来技术发展的需要。这不仅包括数据库所选用的结构，数据所采用的格式、分类方法等开发内容的前瞻性，而且也包括开发平台、操作系统、编程模式等具体开发技术的前瞻性。

2.规范性

由于网络教学特别是基于Internet的远程教学具有地域广、技术复杂、参与主体多、教学内容多样等特点，大量的网上学习资源难以实现共享，不同的教学系统难以互相沟通。制定网络教育技术标准，用标准化的办法保障网上教学资源共享和系统互操作，是解决这一问题的根本出路。因此，在设计网络教学的硬件和软件环境时，必须按照“现代远程教育资源建设技术规范”的要求进行。

3.安全性

在网络教学环境设计中，技术安全性原则是每一个设计者必须始终牢记并遵循的设计原则。它既包括防病毒、防黑客要素，也包括各级安全认证、电器运行环境、数据备份、防雷击等要素。只有运用先进技术，坚持安全性原则进行设计，才能确保网络安全。

4.功能模块化原则

系统的各项功能采用模块化设计，便于系统集成、交流、移植和升级改造，降低系统维护成本，进而有效地提高网络教学的效益。

（二）技术设计步骤

1.进行技术需求分析

对网络教学环境的技术指标进行详细分析，包括网络传输和处理信息类型要求、入网站点及带宽需求、数据管理需求、安全性需求、可扩展性需求等，进而提出翔实的技术需求分析报告，建立完善的技术指标体系。

2.搞好核心技术选型

有很多技术均可以在构建网络教学环境中使用，同样的教学功能也可以用不同的技术来实现，因此，具体采用何种技术不能单纯考虑技术的先进性，还必须考虑性能价格比。这就需要进行充分的网络技术动态调查，充分考虑所设计的网络教学环境对信息和技术的需求。对核心技术的选择，必要时，可聘请院内外、军内外专家充分论证，最后选择合适的技术方案。

3.搞好各分系统技术设计

对网络系统、资源系统、应用系统、支持系统等各级分系统进行技术设计，如网络系统的布线系统设计，应用系统的模块结构和应用程序设计等，都是重要的技术设计内容。要发挥专家和技术人员的聪明才智，依据总体方案中各分系统功能要求，制订好分系统技术设计方案。

4.形成系统集成方案

系统集成方案是实施网络教学环境建设的依据。首先，必须弄清各分系统之间的逻辑关系。其次，分析各分系统之间的功能和技术关联。最后，选择合理的接口技术，实现整体系统的互联。系统集成是技术性很强的工作，要依靠技术人员进行，必要时可聘请专门的系统集成专家参与设计，提供技术服务。

参考文献

[1] 王英玮."信息"一词源流考[J].中国档案，2014(4):4–7.
[2] 南国农.信息化教育概论[M].北京：高等教育出版社，2014.
[3] 杨晓宏，梁丽.全面解读信息化教育[J].电化教育研究，2015(1):17–23.
[4] 祝智庭.现代教育技术——走向信息化教育[M].北京：教育科学出版社，2012.
[5] 祝智庭.现代教育技术——走向信息化教育(修订版)[M].北京：高等教育出版社，2015.
[6] 施启良.信息定义辨析[J].中国人民大学学报，2014(6):63–70.
[7] 何克抗，李文光.教育技术学[M].北京：北京师范大学出版社，2012.
[8] 马费成.信息资源开发与管理[M].北京：电子工业出版社，2014.
[9] 钟义信.信息科学原理(第三版)[M].北京：北京邮电大学出版社，2012.
[10] 莫雷.教育心理学[M].广州：广东高等教育出版社，2015.
[11] 查有梁.教育建模[M].南宁：广西教育出版社，2013
[12] 张明仓.虚拟实践论[M].昆明：云南人民出版社，2015.
[13] 刘毓敏.现代教学技术开发与运用[M].北京：国防工业出版社，2013.
[14] 李光亮.网络教学应用[M].北京：国防工业出版社，2016.
[15] 赵瑞广.网络多媒体教学基础教程[M].北京：国防工业出版社，2013.
[16] 华庭芳，李良勇等.计算机防护原理与应用实践[M].北京：电子工业出版社，2014.